Friedrich Schnack

Der glückselige Gärtner

Friedrich Schnack

Der glückselige Gärtner

Roman

Herder
Freiburg · Basel · Wien

Neuausgabe

Freiburger Graphische Betriebe 1977
ISBN 3-451-17869-9

Inhalt

Der Gärtner und sein Garten 7
Rapunzel und Winterspinat 12
Gartenerde 15
Dorine 23
Chicorée 27
Rhabarber 33
Das Bild 40
Prosa des Gartenlebens 47
Radieschen 51
Kopfsalat 56
Ull, der Geschichtenerzähler 63
Kleine Astronomie 69
Kohlrabi 71
Die ernste und die heitere Dorine 72
Erbsen 78
Kristalltau 84
Die Bohne 87
Der Main 92
Blumenkohl 101
Gartenstreit 106
Bilderprobe 111
Karotten und Möhren 114
Das Hausmittel 120
Die Tomate 123

Die Aubergine 130
Der Erbe 134
Gurke, Kürbis und Melone 138
Sternenstunde 149
Die Schwarzwurzel 154
Das Frankenbild 158
Sellerie 168
Weißkraut, Rotkraut, Rosenkohl 170
Humus und Licht 178

Der Gärtner und sein Garten

Als ich den Gärtner Borngart in seinem grünen Reich zum ersten Mal besuchte, merkte ich bald, was einzig ihn bewegte. Mochte die Weltzeit erschüttert sein, Unruhe den Planeten schütteln: den Gärtner erfüllten kühne Pflanzengesichte. Er dachte an Blätter und Pflanzenfleisch. Das grüne Licht der Gewächse durchleuchtete seine Welt. Aus seinem bürgerlich anmutenden Stoff, den die Sonne speiste und der Regen tränkte, erschuf er sich das Heil der Menschen. Seinen Gestalten, den Stauden, Wurzeln und Köpfen, wies er im Geiste und durch seine tägliche Arbeit Verfeinerungskräfte zu, von denen wir uns, ahnungslose Verbraucher und Verzehrer, nichts träumen ließen. Wir befänden uns mit unsern Ansprüchen, meinte er, erst im Vorfeld einer unüberschaubaren Entwicklung. Die künftige Wirklichkeit sei die Vollendung der Gemüsenahrung. Von ihr verspräche er sich nicht nur eine gesundheitliche, auch eine sittliche und geistige Steigerung der Menschenart. Der essende Mensch der Gegenwart, fügte er bedauernd hinzu, stehe gleichsam draußen im Acker oder drinnen im Stall – der Herr der Zukunft aber werde mit seinen Eßbedürfnissen mehr im Garten und weniger beim Vieh zu finden sein.

Mit solchen Worten das anbrechende Zeitalter der Gemüse einleitend, verabschiedete er mit einer Handbewegung, in der Richtung seines Komposthaufens, sämtliche Fleischesser, denen das Gemüse eine überflüssige Beilage sei, und die unbegabten, das Gemüse auslaugenden und verschludernden Köchinnen in das Abseits. Dabei warf er einen Seitenblick auf das Wohngebäude hinter dem Garten, als wenn er eine bestimmte Person vernichtend treffen wolle.

Ich lauschte ihm aufmerksam. Während er sprach, schweifte sein Gärtnergeistesblick über die Gemüsepflanzungen und Eßtische kommender Jahrhunderte. Er gemahnte an einen Urvater des Gemüses, an einen freundlichen, glückschaffenden Erdgeist. Seine braunen, lebhaften Augen blitzten, und mit der freien Hand durchkämmte er seinen weißen Bart, der an die Farbe der Baumwolle erinnerte. Die andere Hand umfaßte herrisch den Eschenstiel seines Gartenrechens – würdig sah er aus. Auf dem Kopf saß ihm der sommerlich breitrandige Strohhut. Von Gestalt war Borngart rundlich, und wenn ich sein Bild mit dem guten Aussehen seiner Gemüse in Verbindung brachte, mußte ich jenem Mann recht geben, von dem der Satz stammt: ‚Rundliche Menschen fördern das Pflanzenwachstum, eckige, trübselige schädigen es.' Borngarts rundlich-ebenmäßiges Wesen, seine gütige Art strahlten Leute und Pflanzen an. Kein Zweifel: seine Gartenpfleglinge gaben ihm durch Wuchs und Ertrag ebensoviel Liebe zurück, wie er ihnen zuteil werden ließ.

Wie man sich nun zu der Frage nach den rechten Grundsätzen des Essens stellen mochte, ob man dem Gemüse oder dem Fleisch den Vorzug gab oder beide Stoffe in der Kost zu verbinden liebte, wie man es von Eltern und Voreltern her gewohnt war: der Gärtner Borngart und seine Lehre machten Eindruck, und ich ging nie von ihm weg, ohne etwas Wesentliches von ihm gehört zu haben. Zudem traf ich bei ihm manchmal ein schönes junges Mädchen, meine Jugendfreundin Dorine.

Man konnte sich kaum einen schöneren Garten vorstellen. Damit hatte Borngart großes Glück. Es war ein alter Schloßgarten, von ihm in Zucht und Pacht genommen. Zins und eine bestimmte Gemüseabgabe entrichtete er dem Herrn von Heckenast, dem Besitzer des reizvoll verwahrlosten Schlößchens. Herr von Heckenast bewohnte es mit seiner einzigen Tochter Dorine und mit seiner Wirtschafterin und Köchin Jute, einer dicken Person, die man hin und wieder im Garten herumwalzen sehen konnte, wo sie die Gemüseabgabe in Empfang nahm. Da war man auch gelegentlich Zeuge einer Auseinandersetzung zwischen Borngart und ihr über die beste, gesündeste Art der Gemüsezubereitung.

Der Garten lag in der glücklichen Luft und Sonne Mainfrankens, auf einem Hügel mit dem Gesicht zum Fluß, der mit seinem prangenden Wasserschein den Waldgründen des Spessarts entgegenzieht. Ehe er sich aber zu den kühlen Sagenwäldern hinfindet, funkelt er landfroh, blumengesäumt und wiesenumbrandet am Amselberg vorüber. Auf ihm befand sich Borngarts Garten. Eine hohe Mauer umgab ihn, in dem unteren Mauereck erhob sich ein kleiner, abgeflachter Turm, der als Aufbewahrungsort für die Gartengeräte diente. Borngart nannte ihn seine Waffenkammer. Als ich einmal einen Blick in das fensterlose, runde Gemach tat, sah ich an den Wänden die Gartengeräte hängen, auch Baststränge, lang wie chinesische Zöpfe, sowie eine zerschlissene grüne Fahne, ein Krummschwert und einen Schild, friedliche Werkzeuge und kriegerische Geräte nebeneinander. Nach diesen Museumsstücken befragt, antwortete der Gärtner: „Geschenke meiner türkischen Freunde! Sie müssen wissen, ich war einst Obergärtner beim türkischen Sultan in seinem Traubenblättergarten zu Konstantinopel. Damals habe ich in einem türkischen Feldzug mitgefochten. Das Schwert ist aber stumpf, der Schild fleckig und die Fahne mürb geworden. Heute führe ich andere Truppen an: Spinat, Rapunzel, Schwarzwurzel und Tomate und wie sie alle heißen, lange Verpflegungskolonnen – wenn Sie so wollen."

Und er streckte die Hand aus, wie um seine grünen, friedlichen Heere in den Beeten, die langen Scharen und Züge, zu grüßen.

Auf die Zinne des Turmes, wo man sitzen und auf den Fluß hinuntersehen konnte, führte eine schmale, von Mauerpfeffer und grünen Polstern bewachsene Steintreppe.

Auf der Aussichtsplatte hatte ich mich schon im vergangenen Frühling mit meinen Farben und dem Malblatt aufgehalten. Dorine leistete mir zuweilen Gesellschaft. Ursprünglich meinte ich ein Landschaftsmaler zu werden, aber ich merkte bald, daß mir dafür die Gabe fehlte. Mein Blick verlor sich zu leicht in Raum und Weite. „Zeichne doch lieber mich", riet Dorine, „ich bin auch eine Landschaft." „Und was für eine schöne!" antwortete ich ihr und fühlte mit einem Mal, daß ich einen großen und luftigen Umweg über die Landschaft zu ihr genommen hatte. Ich zeichnete sie, erforschte die Form ihrer Wangen, die Feinheit ihres Mundes, das Licht ihrer blauen Augen, die liebliche Bildung ihres Ohres. Ich hätte nicht in die Ferne zu schweifen brauchen, die Nähe bot mir mehr, als ich auf einmal verstehen und festhalten konnte. Große Mühe gab ich mir, unverdrossen rang ich mit meiner Unfertigkeit und der Schwierigkeit des Vorbildes – immer wieder entschlüpfte sie mir, gleich einer Nixe des Mainflusses, und mochte nicht in das Bild gebannt sein. „Versuch es noch einmal, Adventer!" bat sie sanft. Sie war sehr tapfer in ihrer Ausdauer, während ich ebenso ausdauernd in meiner Mutlosigkeit und Schwäche war. Nie traf ich sie genau. An ihr war etwas Geheimnisvolles, was ich noch nicht fassen konnte, etwas Unergründbares, wofür mein Blick noch nicht geschärft und erfahren genug war. „Wenn es heute nicht gelingt, glückt es morgen!" tröstete sie mich. „Wenn nicht morgen, so in einem Jahr! Ich denke mir, mit Gewalt und Ungeduld kann man in der Malerei nichts ausrichten." – Sie war klüger als ich. Wahrscheinlich aber liebte ich sie damals schon, ohne es mir einzugestehen, und ich wollte mir im Sturm ihr Gesicht erobern. Im Hinstürmen aber wich der Hauch ihres Wesens vor mir zurück. „Du mußt langsam tun, Adventer", sagte sie, „du sollst es nicht erzwingen!"

Ich erzwang ihr Bild nicht. Ein elender Stümper war ich, der besser Gartenarbeit hätte verrichten sollen, als den Zeichenstift in die Hand zu nehmen!

Wenige Zeit danach war Dorine auch nicht mehr da: sie hatte sich bei einer auswärtigen Schule für fremde Sprachen angemeldet. Ich hatte nun nicht mehr ihr Antlitz zum Vorbild. So übte ich mich am Bronzeschädel des Gärtnergehilfen Ull, der an einen aztekischen Medizinmann erinnerte: seine Nase glich einem Vogelschnabel. Auch versuchte ich Borngarts altväterlichen

Kopf wiederzugeben. Standen die beiden nicht zur Verfügung, begnügte ich mich mit den Pflanzen in Borngarts Beeten. Ich entdeckte dabei den Reiz ihrer Gestalt und freute mich an dem fruchtbaren Garten.

An seine Mauer waren Spaliere geheftet und Wein. Ein schmales, langes Warmhaus war auch da. Dem alten Borngart bedeutete sein Reich die Mitte der Welt. Darin lebte und herrschte er, ein weiser Pflanzenfürst. Sein einziger Helfer und Gefolgsmann aber war Ull, ein schnurriger und abergläubischer Mann.

Rapunzel und Winterspinat

Heute glänzte das Licht lebendig und jung, ein neues Gärtnerjahr begann, aber auch ein neues Jahr für mich; es war Februar, ein sonniger, wenn auch kalter Morgen. Borngart trug einen verschossenen Filzhut und eine dicke braune Jacke. Auf den Hügeln und Bergen lag Schnee. Im Garten jedoch webte die Luft schon etwas mild und tat mit den Beeten zärtlich. Im Windschatten der Mauer schmeichelte die Sonne dem Winterspinat, der in schnurgeraden Reihen auf lockerem Boden daherkam, während sich der nachbarliche Feldsalat gleich einem unruhigen Volksschwarm, der einen grünen Aufzug ansieht, durcheinandertummelte. Da beide gedeckt herangewachsen waren, hatten sie, die Borngart im vergangenen August oder September miteinander ausgesät, den Winter gut überstanden. Sie verkündeten vorösterliche Wachstumsgedanken. Man freute sich bei ihrem gesunden

Anblick auf das Frühjahr; hatte doch die Erde im Winter nicht vergessen, grüne Blätter zu treiben.

Wo heute der Feldsalat nistete, sollten später Tomaten prangen. Eines würde auf das andere folgen. Im Winter schätzt man die Rapünzchen, im Sommer gelten sie nichts. Andere Salate haben dann ihre Herrschaft angetreten, andere Gemüse bieten sich an. Borngart stach die kleinen, munteren Pflänzchen ab, dunkelgrüne, löffelblätterige Büschelchen, und tat sie in den Weidenkorb. Damit fertig, schnitt er Winterspinat in eine Schüssel.

Warum hat das kleine, genügsame Salatvolk den Namen des Märchenmädchens Rapunzel? Borngart wird es nicht wissen, und ich weiß es auch nicht. Die Pflanze ist ein Baldriangewächs. Man kennt sie auch unter dem Namen Ackersalat, weil sie wild auf dem Acker gedeiht; Schafmäulchen heißt sie, weil sie zart ist wie das Maul des Osterlamms, und Rebkresse, da sie zuweilen im Weinberg wächst. Der Saft der Pflanze ist kieselsäurehaltig, weshalb sie das Wachstum der Knochen und Zähne fördert, aber auch des Haares. Dem Mädchen Rapunzel wuchs das Haar so lang, daß dieser glänzende Schmuck vom Turm zur Erde hinunterfloß und der Königssohn an dem goldenen Strang emporklimmen konnte. Sicherlich hatte Rapunzel eifrig Rapunzelsalat gegessen. Schmalzsalat heißt er auch im Volksmund: seine Blättchen schimmern wie gefettet und schmecken nußhaft ölig.

Rapünzchen und Spinat entstammen nicht der gleichen Pflanzenart: der Spinat ist ein Gänsefuß-, ein Meldengewächs, das speerblattähnliche Blätter treibt. Seine Urheimat ist Asien. Araber und Kreuzfahrer mochten ihn nach Europa verpflanzt haben. Das ist zu loben: er ist das gesündeste aller Gemüse, und er ist eine Heilpflanze, blutbildend, da Eisen führend, blutreinigend, da Natrium enthaltend, einen Feind der Säure, von der soviel Ungemach herrührt. Wer oft Spinat ißt, verschönert seine Haut; er enthält den Zaubersaft der Jugend. Von seinem sattgrünen Blatt, chlorophyllgefüllt und gespannt, mag man gern glauben, daß es die Bleichsucht vertreibe. In den grünen Gefäßen werden reichlich Vitamine bereitet und hochwertiges Eiweiß. Die finstere Galle in ihrem Körperwinkel wird durch den Spinat herausgelockt, und die Leber freut sich darüber, so wie es in jenem alten Verschen heißt:

Der Lunge dient der Spinat,
Kühlt Leber und Magen.
Ich geb dir den Rat:
Du sollst ihm nicht entsagen!

Dem wollen wir folgen: der Nachwinter und spähende Vorfrühling, der in den Garten blickte, lächelte verheißungsvoll. Aus dem Boden sprudelte der Spinat. Wer ihn verspeiste, müßte selber übersprudeln, frisch und jugendlich werden.

Borngart schätzte eine besonders reiche Art, den Riesenkorbfüller. Auf den Gärtner durfte man sich verlassen, er hatte alle Zuchtformen ausgeprobt. Dieser Füller hat dicke, fleischige Blätter und ein kraftvolles, üppiges Herz, ein Heilherz. Ich erinnerte mich eines Malers, dessen rechtes Auge so sehr erkrankt war, daß es ihm der Arzt herausnehmen wollte. Ein berühmter Augenheilkundiger aber, den er in seiner großen Not um einen letzten Rat fragte, verordnete ihm rohen Spinatsaft, und der Maler unterwarf sich dieser Kur. Sein Auge konnte erhalten bleiben, und er malt nun wieder seine schönen, zarten Landschaften.

Borngart hatte den Schnitt beendet. Die Schüssel war gefüllt, ein Blattberg aufgehügelt. Das war ein Küchenschatz, der würde auch dem kränklichen Herrn von Heckenast seinen grünen Saft in das alte Winterblut gießen.

Gartenerde

Die Hände in den Taschen, meine Zeichenmappe unter den Arm geklemmt, ging ich den winterlichen Amselberg hinauf. Die Luft strich mir kalt um die Ohren, doch die Sonne wärmte mir die Wange. Unten floß der Main; in dem starren, vergilbten Schilfrohr riefen winterliche Wasservögel.

Dorine war, wie ich gehört hatte, nach Hause gekommen, ihr Studienjahr war zu Ende. Ich wollte sie wiedersehen und ihr zur Begrüßung ein paar kleine Arbeiten schenken. Würde sie sich sehr verändert haben? Sicherlich war ihr die Zeit gut bekommen.

Meine Mappen waren mit Arbeiten gefüllt. In der Zwischenzeit war ich nicht müßig gewesen und hatte viele Gesichter, Köpfe und Gestalten zum Zeichnen gefunden.

Nun hatte ich neulich ein paar winterliche Zweige auf einige Blätter geworfen, kleine Dornenstücke von Schlehe und Brombeere, Sinnbilder des Winters, dessen Zeit bald um war. Diese wollte ich Dorine schenken.

Ich hielt sie für besonders geglückt: sie waren sparsam in den Linien und Strichen und verschwiegen mehr, als sie ausdrückten, so wie der kahle Zweig den künftigen Frühling verbirgt.

In Borngarts Garten ging die Luft über, die Sonne wärmte: in den Gartenecken hauchte es vorfrühlingshaft lind. Man konnte schon arbeiten, und Borngart und Ull taten es.

„Freue mich, Sie zu sehen, Adventer!“ rief mir der Gärtner zu, als ich bei ihm eingetreten war. „Sie finden uns bei einer wichtigen Arbeit: Wir machen Erde!“

Mit seinem Gehilfen befand er sich bei den riesigen Komposthaufen, wo sich Laub, Stroh, Stallmist, Ruß und Abfall türmten und dunkle Massen gleich Hünengräbern schwollen. „Unser Schöpfungsruf lautet: Erde werde!“

Munter schwang er zu diesem Ausruf seine Schaufel und streute, das Grobe vom Feinen sondernd, einen Hub durch ein drahtgeflochtenes Wurfgitter.

„In der Bereitung von Erde“, meinte er, „haben wir Gärtner eine gewisse Ähnlichkeit mit den Göttern, die auch Erde machten, ehe sie die Welt mit Grünzeug bepflanzeten. Zum mindesten stehen wir ihnen deshalb nahe. Götter und Gärtner gehören zusammen.“

Ein kurzer, dicker, alter und ein langer, magerer, jüngerer Gott, fand ich. Zweifellos war der Alte stärker von der Mythe angehaucht als der andere. Hat man je von langen, spindeldürren Göttern gehört? Götter sind entweder schlank oder beleibt.

„Wir wollen jedoch nicht zu hoch hinaus“, schränkte Borngart ein. „Erschaffen wir auch nichts aus dem Nichts, so verfeinern und verbessern wir doch die vorhandene Krume. Wir versetzen sie in einen höheren Rang!"

„Wir machen Göttererde!" behauptete Ull trocken.

„Und wie bringen Sie das zuwege?" erkundigte ich mich, während meine Augen über die Hügel schweiften, von denen mancher ein recht irdisches Aussehen hatte.

„Wir durchwirken, mischen, schaufeln, lockern, zerbröseln, krümeln und durchfeuchten sie. Wir mengen Stalldünger, Holzasche, Ruß, Staub, Federn, Laub, Ätzkalk, Knochen- und Steinmehl hinein. Wir richten sie her und bereiten sie vor für ihre mannigfaltigen Aufgaben. Wir scheuen keine Mühe, sie umzusetzen und jahrelang zu erziehen, damit sie eines Tages reif sei für das Gartenleben. Eine Art von Weltverbesserung, Herr Adventer, die brauchbar ist. Und gibt der Himmel noch seinen Segen hinzu, kann uns nichts widerfahren. Ull meint allerdings", und er deutete mit dem rechten Daumen über die Schulter auf seinen Gehilfen, „auch die Erd- und Luftgeister müßten uns wohlgewogen sein, sonst fräßen die Raupen unsern künftigen Kohl, und der Hagel zerschlage die Salatköpfe. Aber Ull ist ein abergläubischer Bursche und ein Zauberer dazu."

„So soll er mir etwas vorzaubern!" sagte ich und ließ meinen Blick suchend durch den Garten wandern; nichts wäre mir jetzt erwünschter gewesen, als Dorine zu sehen. Die Maulwurfsarbeit der Gärtner, wie sie die beiden mit Eifer verrichteten, konnte mich nicht so sehr fesseln. So stark aber auch mein Wunsch war, nichts Zaubergleiches zeigte sich.

Der Gehilfe, fertig mit dem Sieben, stellte das Wurfgitter auf die Seite und wandte sich einem aus grobem

Abfall bestehenden Haufen zu. Er bestieg den Hügel und stieß mit einem gespitzten Rundholz sechs tiefe, gleichmäßig verteilte Löcher in den Berg.

„Zum Zauberwerk sind Sie gerade zurecht gekommen", sagte der Gärtner zu mir, „einer Zauberei, bei der alles natürlich zugeht. Was dabei herauskommt, unser künftiges Gemüse, ist nicht weniger wunderbar. Ull hat die geheimnisvollen Päckchen in der Tasche."

Ull zog aus der Rocktasche einen Papiersack, dem er mehrere farbige Papierbeutelchen entnahm, und ein kleines Fläschchen mit brauner Flüssigkeit, die ich für Tabaksaft gegen Ungeziefer hielt. Ich wurde aber sogleich belehrt, daß es Baldriantinktur sei und in den Beutelchen sich kleine Mengen Schafgarbe, Kamille, Brennessel, Löwenzahn und gepulverte Eichenrinde befänden, zubereitet nach besonderem Verfahren.

„Wozu Heilkräuter?"

„Der Garten ist kein totes Grundstück, sondern ein lebendiges Wesen", antwortete Borngart. „Die Erde ist ein Leib. Für alle Leiber sind Heilkräuter gewachsen. Mit den Drogen erhalten wir den Garten heil und erfüllen das Gebot des Meisters Paracelsus von Hohenheim, der forderte, daß auch die Nährpflanzen Heilpflanzen seien."

Der Gehilfe streute nun in jedes der Löcher den Inhalt eines Beutels, filziges und pulveriges Zeug, füllte Erde in die Öffnungen und stampfte diese wieder zu. Dann holte er aus dem Warmhaus einen Holzkübel mit lauwarmem Regenwasser und löste, langsam rührend, die Tinktur darin auf.

„Wohl ein Beruhigungsmittel für aufgeregte Pflanzenkinder?" meinte ich scherzhaft.

Borngart schüttelte den Kopf. Der Baldrian, bedeutete er, sei eine besonders lichtliebende Pflanze, die sich mit Wärme und Feuer vollsauge. Sie bereite in ihrem Saft ein natürliches Phosphorsalz, und der Phosphor sei, wie man wisse, ein Lichtträger. Impfe man die Komposterde mit der Lösung, übertrage man auf sie die Licht- und Feuerkräfte des Phosphors.

„Mit der Feinerde kommt dann die Lichtkraft des Baldrians“, fuhr er fort, „in den Erdboden. Der Baldrian durchwirkt die Krume lichtspendend und arbeitet durch seine Wärmewirkung dem schädlichen Einfluß zu großer Feuchtigkeit entgegen. In der Krume verbessert er somit gleichsam das Klima.“

Bei dieser kühnen Folgerung sah ich den Gärtner prüfend an. Dieser mochte meinen nachdenklich-zweifelnden Gesichtsausdruck bemerkt haben, denn er meinte, alles Natürliche verberge in sich Geheimnisse, und diese wären nichts anderes als noch nicht offenbar gewordene Wahrheiten.

Die Gewächse, deutete er an, brauchen zu ihrer Gestaltung verschiedene mineralische Stoffe. Da ist einmal der Kalk, der Vermehrer der Pflanze und Bauherr der Blätter. Ihm gesellt sich das Kali, das auf das Wachstum der Wurzel einwirkt und den Stengeln bei ihrem Fortkommen hilft. Eisen und Magnesium weben am Blattgrün. Die Kieselsäure gibt der Pflanze Kraft und verbindet sie zugleich mit ihrer Umgebung, dem Weltall, damit sie für Strahlung und Wärme empfänglich sei. Der Stickstoff dient der allgemeinen Ernährung. Andere geheime Helfer treten zu diesem schaffenden Bund der Stoffe.

‚Was hat das mit seinen Komposthaufen zu tun?‘

dachte ich und schickte einen Seitenblick über die Hügel zum Gartentörchen.

„Ich möchte Sie nicht ermüden, Adventer!" sagte Borngart, beinahe bekümmert, weil er meinen abschweifenden Blick bemerkt hatte. „Aber da Fräulein Dorine vor einer Stunde weggegangen ist – mit Jute!" setzte er bedeutsam hinzu, „haben Sie sicherlich einen Augenblick Zeit für mich. Meine Gemüse werden Ihnen im Sommer noch einmal so gut schmecken, wenn Sie erst wissen, was ich ihnen an Kräften zuführe und welche Stoffe ich von ihnen fernhalte. Das Glück des Essens beginnt bereits mit der Aufzucht der Nahrungspflanzen."

„Erzählen Sie mir davon!" bat ich und machte ihm klar, daß er und ich nicht gar zu sehr voneinander unterschieden seien: er verfolge, wie ich verstehe, einen Weg, der mitten in das Leben hinein führe, zum Menschenheil, und ich bemühte mich, mit meinem Auge die Rätselschrift der Schöpfung zu entziffern und vielen verständlich zu machen, auch zur eigenen Heilsamkeit. „Was hat es also mit Ihren Heilpflanzen auf sich?" So ermunterte ich ihn, ohne mir anmerken zu lassen, wie sehr mich seine Mitteilung über Dorines Abwesenheit betrübte.

„Die Natur", gestand er, „ist für uns Gärtner Vorbild und Lehrmeisterin. Wie sie in ihren Hecken, Wäldern und Wildwiesen keine künstlichen und unreinen Erzeugnisse anwendet, so auch wir nicht in unserm Garten. Die zur Bereitung von Düngererde benutzten Heilkräuter besitzen – außer anderen Tugenden – die Gabe, Kräftewirkungen in Kompost und Erde zu erregen, wie sie ihnen selber zu eigen sind. Gleiches ruft

Gleiches, und kleine Mengen üben große Reizungen und Spannungen aus. Ein leiser Wink genügt, und die mächtigen Kräfte: Kalk, Eisen, Kali, Schwefel, Kiesel, Phosphor und Stickstoff, befohlen von ihresgleichen, kommen gehorsam herbei und beginnen ihre Arbeiten. Ein wundersames Spiel hebt an. Wie der Baldrian den Boden phosphorisch impft, so wirkt die kalkhaltige Eichenrinde kalkanlockend. Ähnlich machen es Kamille und Schafgarbe, sie gebieten aber auch dem Kali und manch anderen Verbindungen. Stark an Eisen und Schwefel ist die hitzige Brennessel: Eisen und Schwefel, wacht auf! Der Löwenzahn, die strahlende Lichtblume, wurde von der Natur mit Kiesel, dem Lichtvermittler, ausgestattet. Dieser ganze in den Drogen versammelte Stab der Mineralien, im Verein mit den Kleinlebewesen des Bodens, setzt Ströme natürlicher Salze in Bewegung, stampft sie gleichsam aus der Erde, zieht sie aus Regen und Lüften, schöpft sie aus dem unerschöpflichen Born der Welt. Durch unsere Art der Erdpflege, die mehr auf Kräfte als auf Ersatzstoffe sinnt, erhalten wir den Humus des Bodens gesund und seine Fruchtbarkeit heil. Die Strahlungen des Weltalls sind in unsern Gartenboden eingegangen – in jeder Krume ein Fünkchen des ewigen Lebens, dem wir das eigene Dasein und die Kraft unserer Nahrung verdanken."

Damit verließen wir die Komposte und den langen Erdzauberer Ull in seiner Hügellandschaft.

„Sie kommen mir wie ein halber Arzt vor", sagte ich, verwundert über den merkwürdigen Mann und seine vom Herkömmlichen abweichende Gärtnerei. An ihr mußte jedoch etwas Stichhaltiges sein, Güte und Geschmack seiner Pflanzen wurden gerühmt, und meine

Mutter lobte sie als das feinste Tafelgemüse in ganz Franken, was etwas heißen will, denn die fränkischen Gärtner in Ochsenfurt, Gochsheim und Bamberg sind weltbekannt.

„Sie denken, wie es scheint, weniger an den Ertrag und die Wirtschaftlichkeit Ihres Pachtgartens", meinte ich, „als an die Bekömmlichkeit Ihrer Pflanzen und die Gesundheit Ihrer Abnehmer."

„Ich denke an beides, Adventer!" antwortete er. „Lohnte denn sonst meine Mühe? Wer wie ich ein Menschenalter lang Gärtner ist, muß wissen, worauf es bei seiner Sache außer dem Umsatz noch ankommt. Gärtnerwerk ist heiliges Tun und nicht weniger segensreich als Arztwerk. Schafft unverfälschtes, kraftvolles, wirklich nahrhaftes und nicht nur aufgeblasenes Gemüse, und ihr vermeidet mancherlei Krankheiten und helft den Menschen! Wer seinen Gemüsepflanzen reine und natürliche Düngekräfte zuführt, gibt ihnen zu der einen Bestimmung, edle Speise zu bilden, noch eine andere mit: heilkräftig zu sein. Somit erfüllt er das Wort des Meisters Paracelsus. Wer aber die Pflanzen nur mästet und mit allerlei Mittelchen aufpeitscht, damit sie im Kraut protzen und als Blender in die Augen stechen, treibt faulen Zauber."

„Ich verstehe", schloß ich, „demnach gibt es auch unter dem Gemüse aufgeblähtes und leeres Zeug, rechte Windbeutel."

„Mehr Windbeutel als Wertpflanzen!" schmetterte Borngart, als ich mich am Gartentörchen von ihm verabschiedete, um unverrichteter Sache, doch nicht ohne eine neue Erfahrung in mein Dorf zurückzukehren.

Dorine

Einige Tage nach meinem erfolglosen Gartenbesuch sah ich Dorine flüchtig in unserm Ort. Sie kam mit ihrem Vater vom Gemeindehaus. Ich begrüßte sie beide und beglückwünschte Dorine zu ihrer Rückkehr und ihrem guten Aussehen. Sie schien reifer und noch ruhiger geworden zu sein. Die Frische ihres Wesens einte sich mit lieblichem Ernst. Sie gefiel mir, wie immer, und bezauberte mich.

Zarte Röte überhuschte ihre Wangen, ich sah sogleich von ihr weg und erkundigte mich bei ihrem Vater nach seinem Ergehen; er war im Winter krank gewesen. Er winkte aber einer solchen Kleinigkeit wegen ab und redete von den Welthändeln. Mir behagte seine freundliche Art und der Weitblick seines Geistes. Auf diese Weise erfuhr ich zwar nicht viel von Dorine, ich mußte mich mit ihrem Anblick begnügen – doch das war nichts Geringes.

Sie verabschiedeten sich bald, und im Weggehen lud mich Herr von Heckenast ein, ihn gelegentlich in seiner Sternenstube zu besuchen. Er war aus Liebhaberei Astronom und hatte in einem erkerartigen Anbau seines Hauses ein langes Fernrohr aufgestellt, das dort gleich einem Geschützlauf schräg zum Fenster hinausragte.

Am nächsten sternhellen Abend fand ich mich bei ihm auch ein und schickte meinen Blick durch das Rohr in das nächtliche All hinaus. Dorine half ihrem Vater bei seinen Geräten und versah das Feuer in dem kleinen Eisenofen, damit dem Sterngucker, der bei geöffnetem

Fenster in die Februarnacht hinausspähte, nicht kalt würde.

Ich hatte noch nie durch ein so großes Fernrohr in die Sternenwelt geblickt. Der Mars, wie ein Feuerklumpen groß oder gleich einer glühenden Scheibe, war merkwürdig rötlich anzusehen. Sein Licht hatte einen zornigen Schein. Er war von Klüften durchschattet und trug an den Polen seine fahlen Eiskappen.

Dorine war mir bei der Einstellung der Bildschärfe behilflich gewesen, und dabei hatte mich ihre Wange sacht berührt. Und als ich schon dem Gestirn meinen Augenbesuch abstattete, fühlte ich noch immer die hauchzarte Berührung, so wie man einen empfangenen Kuß noch lange auf den Lippen spürt. In der Eiseskälte des Weltraumbildes hatte ich die Wärme der Erde bei mir.

In der Helle des rötlichen Sterns verbargen sich womöglich sonderbare Gegenden, Wüsten und Gebirge, wenn nicht alles in Feuer stand, was ich nicht genau zu erkennen vermochte. Dann aber würde der Stern als ein Großherr des Himmels einen Lichtmantel tragen mit Figuren und Bildern. Wie abenteuerlich dieses Fernbild aber auch war, ich fühlte mich plötzlich von grenzenloser Einsamkeit angeweht. Ich nahm das Auge vom Rohr, kehrte in Gedankenschnelle zur Erde heim und fand an meiner Seite Dorine. Meinen Blick ihr zuwendend, gewahrte ich in ihren Nachtaugen schimmernde Funken, mir teurer als die Sterne, geheimnisvoller als das himmlische Feuer, ich erkannte das Licht der Heimat, den Abglanz einer inneren Welt.

In diesem Augenblick liebte ich Dorine mit aller Innigkeit meines Wesens. Ich liebte sie! Konnte mir die

Welt wohl irgendwo ein reineres Licht entbrennen als in den Augen und der Seele der schönen Gehilfin des Astronomen, der zärtlichen Sternkundigen?

Aus der Sternenstube wußte ich keine glücklichere Belehrung mit heim zu nehmen.

Ende der Woche traf ich Dorine am Marktbrunnen. Sie hatte Besorgungen zu erledigen, Jute war nicht bei ihr. Die Luft hatte ihr Antlitz strahlend gerötet, das blonde Haar rollte in einer weichen Welle in den Nakken, der silbergraue Mantel betonte ihren schönen Wuchs; sie war schlank wie das Schilfrohr am Mainufer.

„Ich will dir etwas zeigen, Dorine!“ sagte ich, denn ich hatte meine Mappe bei mir.

Wir setzten uns auf den Brunnenrand. Aufmerksam betrachtete sie die Blätter, die ich der Mappe entnommen hatte. Ich betrachtete Dorine. Ihr Kopf war gesenkt, ein reizender Schatten fiel über ihre Wange.

Die Zeichnungen, meinte sie endlich, seien kleine Liebesgeständnisse an die winterliche Welt. Sie fand sie zart und auch kraftvoll. Ihr gefiel die Anmut der Bewegung und die genaue Wiedergabe aller Einzelheiten. Man könne sich daran erfreuen.

„Darf ich sie dir schenken?“

Sie nahm sie gern an und sagte, sie werde sie in ihr Zimmer hängen.

„Es ist ein kleiner Willkommensgruß für dich!“ sagte ich.

„Hättest du wohl Lust, Adventer“, fragte sie zögernd, „mich wieder einmal so wie früher zu zeichnen?“

„Gern!“

„Ich möchte meinem Vater ein Bild von mir zum Geburtstag schenken."

„Ein guter Einfall! Wann ist der Geburtstag?"

„Ende Mai."

„Wann fangen wir an?"

„Sobald du willst, morgen, übermorgen – jederzeit. Es ist nur ein wenig schwierig", meinte sie nachdenklich, „Vater will mich jetzt immer um sich haben, weil er mich so lange entbehrt hat; ich kann dir keine genaue Zeit sagen. Bist du nicht oft bei Borngart? Dann komme ich, wenn es geht, in den Garten. Jute wird dann aufpassen, daß uns Vater nicht überrascht."

Ich erklärte ihr, ich sei sehr oft in Borngarts Garten, da ich von seinen Pflanzen Aquarelle male, die ich im Herbst mit andern Arbeiten nach Würzburg zu einem öffentlichen Wettbewerb einsenden wolle.

Wir blieben bei dieser Abmachung, und Dorine verabschiedete sich.

„Eines noch", sagte ich, „wie willst du gezeichnet werden, von der Seite, von vorn?" Ich sah sie prüfend an.

„Wozu rätst du?"

„Zu beiden Seiten. Sonst fiele mir die Wahl zu schwer!" scherzte ich.

„Dann wirst du dir doppelte Mühe mit mir machen müssen, Adventer."

„Doppelte Freude!" rief ich fröhlich und blickte ihr nach, wie sie flink dahinschritt.

Chicorée

Die Stimme des Gärtners klang unmutig, als ich das Pförtchen öffnete und in seinen Garten trat. Vermutlich war Borngart heute nicht in guter Stimmung. Ärgerte ihn die Tücke des Nachwinters? Eine kalte Bö, launisch zwischen Himmel und Erde umherfegend, hatte eine Schneeladung in den Garten hineingeschleudert, weiße Fetzen über die Mauer geworfen und draußen den Amsel- und Obsthügel überschwadet. Der Himmel zeigte sich mürrisch, die fröstelnde Sonne wollte sich auch nicht blicken lassen, der Main schlich gelangweilt durch das Land.

Borngarts Gutwetter-Vorhersage hatte sich nur teilweise erfüllt. Anscheinend standen die wetterbeeinflussenden Gestirne diesmal nicht in guter Eintracht, in ihrem Sternengarten mochte es Streit geben, und davon hatten wir nun das unmutige Wetter. So ließ ich sogleich die Hoffnung fahren, Dorine zu sehen. Vorsichtshalber hatte ich zwar meine Mappe mitgenommen, die trübe Beleuchtung aber war dem Arbeiten und meiner Stimmung nicht förderlich.

Ich ging an der Gartenmauer entlang. Sie hatte sich in den letzten Tagen Mühe gegeben, am Leben teilzunehmen. Zarte Blättchen, kleinen grünen Ohren gleich, die auf die Geräusche der jungen Tage zu horchen schienen, waren in den Ritzen hervorgesproßt. Da und dort war schon eine Eidechse aus ihrem Versteck geschlüpft und auf einem warmen Stein atmend liegen geblieben. Die Blindschleiche, die andere Freundin des Gärtners, hatte ihr Winterhaus von altem Laub und abgeschnittenem Gezweig verlassen und ein paar Schlückchen der neuen Luft geschmeckt. Nun hatten sich beide wieder zurückgezogen, ihre Lug- und Aussichtsorte lagen verlassen. Über die grün schimmernden Lauböhrchen war, sie verkühlend, Schnee hingeschwirrt. Unzuverlässig war die Zeit. Doch die Meise hatte den Mut nicht verloren, sie hämmerte unverdrossen den Frühlingsruf.

Den Garten erfüllten krause, durcheinander wirbelnde Gefühle. Die spielten sicherlich auch in den Gärtner hinein. In den Meisenklang schallte das Lachen einer Frau, die in der Richtung des Hauses den Garten verließ, wobei sie in der Hand ein paar Strünke Rosenkohl schwang. Es war Jute. Ihr Lachen klang spöttisch. Über ihre breiten Schultern hing lose ein Mantel mit Pfeffer-und-Salz-Muster. Sein Anblick erinnerte an ihre Küchengewürze.

Zwischen ihr und dem alten Mann hatte es wieder einmal die übliche Meinungsverschiedenheit gegeben. Streit in den Sternen und Streit auf Erden! War der Streitapfel ein Kohlkopf oder eine Rosenkohlknospe? Dieser Gemüsestreit würde wohl kaum enden, und wenn es einst geschähe: welche Friedensmahlzeit würde von den Versöhnten eingenommen werden? Fleisch oder Gemüse? Gemüse, wie es Jute zubereitete oder wie es Borngart vorzog?

„Alberne Person!“ knurrte der Gärtner. Sie habe ihn einen Gesundheitsapostel geheißen! Er lachte bedauernd. Hätte er denn sein Alter erreicht, wenn er Gesundheitsapostel wäre? Leute mit fixen Ideen seien selten winterhart!

Und damit ging er in das Warmhaus. Ich folgte ihm.

Es war ein niedriges, in Nordsüdrichtung gebautes Haus mit Satteldach. Vormittags konnte die Sonne die eine, nachmittags die andere Seite des Glasdaches bescheinen. Unter ihm hielt sich eine künstliche Sommerwärme. Der kiesbestreute Weg teilte den Raum in gleiche Teile. Zu beiden Seiten zogen sich lange Tische hin, von Borngart Tischbeete genannt. Darauf standen allerlei Zuchtkästen, in denen sich zartes grünes Leben regte; ein Haufen schwarzer, krümeliger Erde, vom Gärtner zubereitet, harrte der Verwendung.

Es ginge ihm nicht um eine alberne, dauernde Streiterei mit der Köchin, sagte er, während er in seinem Ofen stocherte. Er möchte ihr vielmehr Neues beibringen. Es sei doch wohl die vornehmste Aufgabe des Menschen, in den Köpfen verdunkelter Mitlebender Licht anzustecken. Und in Jutes Kopf sei es arg dunkel. Sie sei eine beschränkte und dickschädelige Person.

Die feuchte Warmluft milderte zwar nicht seine Ausdrücke, schwächte jedoch seine Erregtheit ab. Ich neigte mich über die Zuchtkästen. Die Gurkensämlinge hatten sich entfaltet. Ihnen stand die Zukunft offen. Sie würden groß und mächtig werden. Vorerst aber wurden sie behutsam mit Wasser übernebelt, das Borngart aus einem großen flachen Becken unter dem Tischbeet schöpfte.

„Regen- und Schmelzwasser!" erklärte er. Die Dachröhre münde in den Behälter, Regenwasser enthalte Luft- und Sonnenkräfte.

Das mochte sein, fällt ja das Wasser vom Himmel durch die Luft zur Erde. Unmeßbar feine Himmelsstoffe reißt es mit und spendet sie dem Gärtner für die anspruchsvollen, empfindlichen Gurkenkinder, die nach Wärme, Licht und Luft verlangen und denen das durch Eisen- und Bleirohre fließende Leitungswasser nicht zuträglich ist. Guter Dinge hocken sie in ihren Kinderstuben, den Zuchtkästen, und die feuchtwarme Luft umschmeichelt ihre Glieder, während draußen im Garten der Schnee kalt schimmert.

Der Nachhall des Gemüsestreits erfüllte noch immer den Gärtner. Er habe, erzählte er, der Köchin empfohlen, in ihren herkömmlichen Küchenzettel den Chicorée mit aufzunehmen, den feinen Bleichsalat, der gerade jetzt seinen besten Geschmack entwickelt habe – Chicorée als Salat, zu feinen Ringeln geschnitten! Chicorée als Gemüse in der Pfanne gebraten, roh hineingetan! Chicorée im Topf, leicht angedünstet, mit ein paar enthäuteten Treibhaustomaten! Chicorée in der Auflaufform, geschmort und mit Käse überbacken! Köstlich klang seine Chicoréeweise. „Lauter prächtige Wintergerichte“, fügte er hinzu, „schmackhaft, nicht alltäglich, und wie gesund!“ Zuträglich sei der Bitterstoff der heilsamen Pflanze der verstocktesten Leber und dem trägsten Magen, wie sie beide der Herr von Heckenast zu beklagen habe. Mild-Bitteres sei gut für die Alten, die oft bitter seien, aber auch bekömmlich für die Jungen, damit sie dereinst nicht zu bitter und gallig würden. Und was antworte ihm die verstockte Person? Neumodisches Zeug für Gesundheitsapostel sei der Chicorée! Solche Menschen wie Jute nähmen das Essen nicht ernst. Aber auch nicht die Kunst des Kochens. Statt Chicorée mit Käseüberguß müsse Heckenast Rosenkohl mit Mehlschwitze essen, Mehlschwitze! Sinnbild phantasielosen Geistes! „Sie kennen doch den Chicorée, Herr Adventer?“

Und ob ich ihn kannte! Keinen feineren Wintersalat gab es.

„Kommen Sie!“ sagte er freundlich. „Betrachten Sie meinen Chicorée, und nehmen Sie sich etwas davon mit nach Hause!“

Er öffnete die Tür zu einem vom Gurkengemach getrennten Gelaß, in dem es nicht minder warm war, doch weniger luftfeucht.

„Witloof ist die allerfeinste Sorte!“ erklärte er. „Darauf können Sie sich verlassen. Sie können aber auch die buntblätterige Forelle nehmen.“

Von einem geräumigen Kasten zog er eine Decke. In der Füllung von feinem feuchtem Torfmull sproßte es wächsern bleich, gelblich überzogen: heimlicher Chicorée, knospend geschlossen.

Zufriedenen Gesichts blickte der Züchter bald auf die bleichen Geschöpfe, bald auf mich. Bei guter Wärme wüchsen sie rasch heran. Schnelles Wachstum schaffe zarte Blätter. Das sei das ganze Geheimnis.

Seine Hand wühlte fühlend im Mull und griff die Schöpfe ab. Ja, sie waren fest, schön von Gestalt und gereift! Mit dem scharfen Messer trennte er sie von der in der Erdschicht unter dem Mull steckenden Rübe. Und während er dies tat und ein halbes Dutzend Pflanzen ihres zarten Blätterskalpes beraubte, erzählte er ihre kleine Zucht- und Lebensgeschichte.

„Witloof ist ein flämischer Name und heißt auf deutsch Weißlaub. Die flämischen Gärtner haben den Witloof, die Entdeckung eines Obergärtners der Brüsseler Gartenbaugesellschaft, lange allein gezüchtet, sie haben das Verfahren geheimgehalten. Der schnelle Ruhmeslauf des Witloofs ist in der Geschichte der

Gemüsepflanzen überraschend, einmalig. Wieviel länger haben die anderen Gartenpflanzen gegen die Gleichgültigkeit und Trägheit der großen Menge kämpfen müssen, die Vorläuferin unserer dicken, gleichgültigen und geistesträgen Jute!"

„Und wie haben Sie den Chicorée gebleicht?"

Im vergangenen November hatte er die Rübe im Gartenbeet ausgegraben, gereinigt und vom derben Laubwerk befreit, indem er den Strunk in der Höhe eines halben Fingers über der Rübe abschnitt, ohne den fruchtbaren Herzpunkt zu verletzen. In ihm träumte der Keimsproß des künftigen Salates. Dann schlug er die entkleidete Rübe im kalten Kasten ein, um sie zur Treiberei bereit zu haben. Als die Zeit gekommen war, hatte er den kalten Kasten in einen größeren hineingestellt, spannenhoch Mull darauf gebreitet und in die Wärme des Glashauses gebracht.

Die wächsernen Wintergeschöpfe, die feinen Sprosse aus dem Zichoriengeschlecht der Wegwarte hatten nicht auf sich warten lassen. Es war der köstliche Witloof, den die Kenner schätzen und die Unwissenden mißachten. Jute, die Köchin, führt deren langen Zug an. Man mag sich mit Borngart vorstellen, wie sie den Salz-und-Pfeffer-Mantel schwenkt und in der Hand den Rosenkohl trägt, den sie lachend in den bleichen Sumpf der Mehlschwitze tauchen wird.

Rhabarber

In Borngarts Garten gab es außer dem Warmhaus auch eine kleine, hübsche Orangerie, die in einen Unter- und Oberraum geteilt war. Der Unterraum diente als Arbeitsraum und Kalthaus, der Oberraum war unbenutzt. Ihn hatte ich mir vom Gärtner als Werkstätte erbeten. Über eine kleine Holztreppe gelangte man hinauf. Schon in vergangenen Zeiten waren die Musen hier eingekehrt, mochten es zuweilen auch recht derbe Gestalten gewesen sein: irgendein früherer Besitzer des kleinen Herrenhauses hatte im Oberstock ein winziges Theater eingerichtet, eine kleine Schmierenbühne mit Zuschauerraum, wo durchziehende Komödianten ihre Stücke aufführten. Die Schwänke waren gespielt, die Komödianten abgereist und die Gäste verschollen. An den kleinen Fenstern hausten die Spinnen und woben ihre Netze, in denen sich Fliegen mit blauen und goldenen Leibern, auch verirrte Kohlweißlinge und Tagpfauenaugen verfingen.

Der Vorhang war nicht mehr vorhanden, der stille Zuschauerraum mit seinen roh getischlerten Bänken blickte auf die leere Bühne. Auf die Bretter, die jetzt meine Welt bedeuteten, hatte ich mir einen Gartentisch und einen Stuhl geschleppt, um vor dem ausgefransten und ausgeblichenen Hintergrund, der einstmals eine Stadt an Fluß und Wald vortäuschte, zu arbeiten. Durch den kleinen gähnenden Schnürboden fiel vom Dachfenster günstiges Oberlicht.

Hier wollte ich künftig Dorine empfangen und die Wartezeit bis zu ihrem Kommen mit dem Zeichnen von

Borngarts Pflanzen nützlich verbringen. Heute hatte ich mir ein Büschelchen Feldsalat samt säuberlich gewaschenen Würzelchen mit heraufgenommen und auf eine aufrecht stehende, in einem Brettchen befestigte Nadel gespießt. Das reizende Pflänzchen abzuzeichnen, machte mir viel Vergnügen. Ab und zu horchte ich, ob ich nicht Dorines Schritt auf der krachenden Holztreppe vernähme, doch war es nur der gelegentlich in dem unteren Raum polternde Ull, der kam und ging. Sollte Dorine nach mir fragen, würde Borngart sie heraufweisen. Ich brauchte mich deshalb um nichts zu kümmern, sondern mich einzig in Geduld und im Zeichnen zu üben. Von Zeit zu Zeit konnte ich es mir allerdings nicht versagen, aus einem Fensterchen des Zuschauerraumes in den großen Garten hinunterzublicken.

Als ich mit meinem Feldsalat und seinen schmalen, löffelförmigen Blättchen fertig war, legte ich den Bleistift weg und ging wieder zum Fenster. Ich sah Borngart in der Tür der Orangerie verschwinden und Jute im Garten erscheinen. ‚Er weicht ihr aus', dachte ich, ‚er will sich ihre Stichelreden ersparen.' Ich trat einen Schritt zurück, um nicht von ihr gesehen zu werden, faßte sie aber scharf ins Auge.

Sie war eine starke, volle Person, Ende der Zwanzig. Vor Herd und Küchentisch hatte sich ihre dralle Figur heranbilden können. Die fleischigen Arme, bis über den Ellbogen entblößt, das runde Gesicht, gerötet wie vom Widerschein der Herdflamme, die dunkeln Kirschenaugen, das krähenschwarze Haar hatten, wie mir bekannt, auf Ull Eindruck gemacht, und er wünschte sie sich zur Frau – doch hatte er zu seinem Leidwesen noch keine Gelegenheit gefunden, ihr diesen Wunsch zu gestehen.

Die Treppe knarrte, Borngart kam zu mir herauf. Mich am Fenster erblickend, sagte er: „Ich habe ihn allein gelassen, damit er endlich mit ihr weiterkommt. Vor lauter Verliebtheit macht er schon alles verkehrt. Wenn er erst abgeblitzt ist, wird er hoffentlich wieder brauchbar sein."

„Er hat keine Aussicht bei ihr?"

„Ull ist ein armer Kerl, der nichts besitzt als seine tüchtigen Hände!"

„Das ist viel."

„Zu wenig für Jute!"

Nun war aber Frühling, die Zeit war da, man mußte sich beeilen, damit der Augenblick nicht ungenützt verstreiche – Ull und Jute waren allein im Garten, Borngart und ich aber blickten aus dem kleinen Theaterfenster unbeobachtet auf sie.

Wuchtig stand die Köchin und redete nachdrücklich auf den Gehilfen ein. Ihre Stimme klang laut und etwas scheltend, sie verlangte als heutige Küchenabgabe jungen Rhabarber. Ull verteidigte aus Pflichtgefühl den Garten gegen die ungehemmten Ansprüche der Köchin, was er anscheinend ebenso ungern wie sichtlich tapfer tat. Er kniete vor ihr in seinem Beet auf einem Arbeitsbrett, wobei er ein Pflänzchen in der Linken und das Pflanzholz in der Rechten hielt. „Weiß Gott", rief er, „das dürfen Sie nicht von mir verlangen! Die allerfrühesten, die ersten Rhabarberstiele!"

Jute lachte geringschätzig und blickte auf den Rhabarber, wie um ihn mit ihren schwarzen Augen zu bannen.

Dieser hockte am Fuß der Orangerie, zu beiden Seiten des Eingangs, über dem sich unser Fenster befand. Hier hatte er einen guten Platz, auch ein wenig Schatten, und freute sich der fetten Erde. Seine Stengel hatten sich gerötet, die runzeligen Blätter, noch nicht zu voller Größe ausgebreitet, zeigten ein gleichsam bekümmertes Aussehen.

Was würde Borngart, der Gärtner, sagen, mochte der von seinen Empfindungen bedrängte Ull denken, bräche er die ersten Stiele. Gartenschändung! – Und wie würde dem Rhabarber der Raub bekommen? Man dürfe ihn nicht schon in seiner frühesten Jugend schwächen, sagte er.

Die Köchin nannte ihren Verehrer einen Säugling.

Ull schüttelte ernst den Kopf. Nicht er, rief er, der Rhabarber sei ein Säugling! Er sauge Saft und Leben, damit er später reichlich Stiele hergeben könne. Wie man nicht einer jungen Gans die Federn ausrupfen dürfe, so auch nicht dem Rhabarber seine ersten Stiele. Ob der Herr von Heckenast nicht lieber Radieschen zum Nachtisch essen wolle.

Jute sprühte ihn mit ihren Augenstrahlen an. Könne man wohl von Radieschen Kompott machen? Ob er denn nicht begreife, daß der Rhabarber der Natur ihres Herrn zuträglich sei.

Ull begriff und lächelte verschmitzt. „Ach so, ach so!“ rief er und meinte, auch von Radieschen habe der Herr von Heckenast seinen Nutzen. Auch das Radieschen fördere die Verdauung. Da solle sie nur einmal Borngart befragen!

Jute lehnte dieses Ansinnen ab, und das Gespräch stockte. Der Gehilfe hielt den Augenblick für passend, das schwebende Pflänzchen in die Erde zu stopfen und mit dem Pflanzholz weiche Krume gegen das zarte Geschöpf zu drücken. Jute aber wandte den Blick wieder den Rhabarberstöcken zu und ging zu ihnen. Seufzend erhob sich ihr Verehrer, um zu folgen.

Mit vorsichtigen Blicken spähten wir hinunter. Würde er sie von ihrem Begehren abbringen? Würde er unterliegen? Borngart stieß mich an und flüsterte: „Aufgepaßt! Jetzt muß er sich als Gärtner bewähren, sonst hole ihn der Kuckuck!"

Da kauerte er, der begehrte Rhabarber, der Trost des Herrn von Heckenast. Streng und lüstern musterte die Köchin die Pflanzen. Das Wesen im Blattkleid bauschte sich frühlingsfroh. Ungestüm stießen die starken rosigen Triebköpfe aus der Erde, rundlichen Früchten nicht unähnlich. Krebsrote Häute platzten und ließen grünrote, zerknitterte Jungblätter hervorquellen, nicht größer als eine Kinderhand. Am Nachbarstock, der die kräftigste Rötung zur Schau trug, waren bereits zahlreiche Blätter herangewachsen, herzförmige, hellgrüne, gewellte und gefurchte Dächer bildend. Die roten Stiele von saftiger und krachender Beschaffenheit waren rinnig ausgekehlt. Sie waren die Regenröhren der Blattdächer, die das Wasser den klumpigen Wurzelstöcken rasch zuleiten würden.

‚Leckere Stiele!' mochte Jute meinen und liebäugelte mit den Stengeln. Wäre der dumme Ull nicht so bockbeinig, könnte man ein hübsches Bund brechen!

„Holsteiner Blut! Früher vom Vorgebirge!" nannte der Gehilfe die Pflanzengestalten. „Rotstielige Sorten, sehr begehrt! Doch erst im Mai", fügte er vorsichtshalber hinzu. „Der Herr bekommt noch genug davon. Der ertragreichste ist der Amerikaner dort, ein Riese, beinahe blütenlos. Schmeckt auch noch im Hochsommer!"

„Jetzt ist Hochsommer!" entgegnete die Köchin listig, auf die Pflanze mit den längsten Stielen deutend.

„Nicht beim Holsteiner Blut!" rief der Gehilfe keck und fühlte die Anwandlung, sich seiner Angebeteten vertraulich zu nähern. Dazu kam es jedoch nicht, Jutes kohlschwarze Augen blitzten ihn spöttisch an – und Ull trat wieder zu den Pflanzen.

Sollte er ihr jetzt nicht einiges von seinem Gartengeschäft erzählen? Und er begann sogleich. Ja, einen mastigen, reich gedüngten schweren Boden braucht der Rhabarber, soll er frech und tüchtig wachsen. Er ist nun einmal ein Fresser. Man kann es ihm nicht verübeln, muß er doch eifrig Stiele spenden. Und er muß Saft schlucken, damit er Saft ausspielen kann. Was du mir nimmst, mußt du mir geben. Aus dem einen wird das andere.

Jute hörte nicht länger zu, sie wandte sich ab und ließ den Blick zu den Treibbeeten wandern. Dort wartete das rosenrote Ideal, das mädchenzarte Radieschen, darauf, bewundert und geerntet zu werden. Ulls Miene drückte Befriedigung aus: der Angriff war abgeschlagen. Und auch Borngart war zufrieden. „Er hat Gärtnerehre im Leib, bei aller Verliebtheit!" sagt er. „Das freut mich für ihn. Haben Sie ihre Augen gesehen, Adventer? Wahre Eulenaugen! Zur Werbung ist er aber wieder nicht gekommen. Man muß sich gedulden, der Gärtner lernt es. Was nicht beim Rhabarber geschieht, kann sich bei den Radieschen ereignen!"

Die beiden gingen miteinander weg, während von

den Runzelblättern des Rhabarbers die letzten Tautropfen gleich Glückstränen kollerten.

„Er war wirklich standhaft!“ lobte Borngart. „Sieh einer an! Ein beständiger Liebhaber und ein standhafter Gärtner.“

Die Köchin erfuhr nicht – und es bleibt auch in der Schwebe, ob Ull es wußte –, daß der aufgedonnerte Rhabarber, wie Borngart erwähnte, gleich dem Wiesenampfer und dem Sauerampfer ein Knöterichgewächs ist, das erst im neunzehnten Jahrhundert in die deutschen Gärten eintrat. Damals wurden jedoch nur seine Blätter zu einem spinatähnlichen Gemüse verwendet, den obstartig mundenden Geschmack der Stiele entdeckte man viel später; seitdem verzichtet man auf den Genuß der Blätter. Ursprünglich aber waren die Leute gar nur mit der Wurzel zufrieden, die sie gepulvert als ein Heilmittel gegen Gelbsucht und Verdauungsbeschwerden einnahmen. Zu diesen gehörte auch der Alte Fritz, an den einst ein Oberst ein Gesuch um Befreiung von den allzu großen Anstrengungen des Dienstes richtete mit der Begründung, er sei alt und leidend. Unwillig las der Preußenkönig die Eingabe und kritzelte die Randbemerkung dazu: ‚Mir geht es auch nicht immer, wie ich es gern haben möchte, deswegen muß ich immer König bleiben. Rhabarber und Geduld wirken vortrefflich.‘

Und woher kommt ihm sein ungewöhnlicher Name, der sich wie ein Zauberwort anhört, mit dem man Beschwörungen ausführen kann? – nur nicht zur Liebe, wie sich noch eben bei Ull und Jute, dem ungleichen Paar, gezeigt hatte. In seinem Namen tönt für unser Ohr der Klang des Frühlings, des größten Zauberers.

Als Pontische Wurzel, Radix pontica oder Rha ponticum, kam er, wie Borngart erzählte, aus den Gebirgstälern der Landschaft um das Schwarze Meer auf Segelschiffen in den alten Hafen Barbarike. Und die Händler dort führten ihn in ihren Listen als Rhabarbarum, Wurzel von Barbarike. Daraus wurde der Name Rhabarber.

Ich blickte, als sich Borngart wieder hinunterbegeben hatte, von oben auf die geknitterten Blätter, die sich gleich Dächern einer kleinen, wachsenden Pflanzenstadt wölbten, mitten darin ein Riesenblatt wie ein prächtiger, aus grünlichem Metall gehämmerter Palast – ein dröhnender Regenschirm für die Amsel, wenn der Frühlingsguß durch den Garten lärmt. Wunderbar sah sich diese Blättersiedlung aus meiner Höhe an – und ich nahm mir vor, nach dem Schafmäulchen als nächste die feiste Pflanze abzubilden, dieses herrische, knallende Blatt, feucht von Regenlichtern, das riesige Gewächs mit hohen Stielen, fleischigen Blatthäuten, Frühlingssturm im Blut, berstend vor Kraft, gesäftet mit Säure, ein rechtes Fabelwesen unter den Pflanzen, das mit seinem nervigen Geäder lustvoll zu zeichnen wäre.

Das Bild

Als Dorine in das kleine Theater heraufkam und mich mitten auf der Bühne erblickte, wo ich an meinem Tisch vor dem zerschlissenen Hintergrund rauchend und aquarellierend saß, begann sie zu lachen, so sehr erheiterte sie die

Szenerie, und sie ließ sich in eine Bank fallen, als wenn sie Zuschauerin einer Vorführung wäre, bei der ich die Darstellung bestritt.

„So komisch komme ich dir vor?“ fragte ich, mich erhebend, überrascht.

„Du brauchst nur noch ein Stichwort!“

„Mein Stichwort heißt Dorine“, erwiderte ich.

„Was nicht gar! So fang an!“

„Dorine, willkommen!“ deklamierte ich im Schmierenstil. „Willkommen in der verblichenen Landschaft. Das schönste Stück haben die Motten gefressen. Wie freue ich mich, daß du endlich da bist. Zeichenblock und Bleistift warten schon lange auf dich, auch dein Theatersessel. Nimm Platz! Komm herauf und spiele ein Stück mit!“

„Aber dann ist kein Zuschauer mehr da“, wandte sie ein.

„Wir spielen für die Spinnen und stellen uns dabei vor, sie wären Theaterbesucher aus der alten Zeit.“

Sie hüpfte auf die Bühne.

„Rhabarber heißt dein Stichwort, nicht Dorine!“ sagte sie, mein Blatt auf dem Tisch und das frische Blatt des Gärtners im Glas bemerkend.

„Ein gebräuchliches Bühnenwort, dieses Volksgemurmel Rhabarber!“ versetzte ich. „Doch es war mein Stichwort in dem langen Monolog, in dem ich seit Tagen hier auftrat. Der Monolog ist nun zu Ende, und der Dialog hat begonnen. Die Personen des Stückes ...“

„... sind Dorine, ein Mädchen der Gegenwart“, unterbrach sie mich, „und Adventer, ein Mann der Zukunft!“

„Gut! Und der Inhalt des Stückes?“

„Darf bei den Mitwirkenden als bekannt vorausgesetzt werden“, antwortete sie.

Ich war nicht ihrer Meinung, ließ sie aber dabei.

„Und der Name des Bühnenstücks?“

„Das doppelte Bild!“

Sie lachte bezaubernd und setzte sich in den bereitgestellten Sessel. Wir einigten uns auf den Ausdruck, der weder zu ernst noch zu heiter sei, kurz, auf einen liebenswürdigen Ernst.

Ehe ich den ersten Strich auf das Blatt warf, betrachtete ich ihr Profil lange und eindringlich. Mit Auge und Gefühl nahm ich von ihm Besitz. Dieses ausgedehnte Schauen schien Dorine zu befremden.

„Was suchst du eigentlich in meinem Gesicht? Du siehst doch genug!“ meinte sie, ohne sich zu rühren.

„Bevor ich anfange, ein Gesicht zu zeichnen“, anwortete ich, „versuche ich seine Natur und Wahrheit zu ergründen.“

„Was verstehst du darunter?“

„Die Natur ist die äußere, die Wahrheit die innere Schönheit.“

„Also doch: das doppelte Bild!“

„Vielleicht... Das innere soll durch das äußere hindurchscheinen, das eine im andern sein.“

„Und wie siehst du meine Wahrheit?“

„Mit den gleichen bewundernden Augen, mit denen ich deine Natur erblicke.“

Das wolle sie eigentlich nicht wissen, meinte sie, zart ablenkend, und sprach nicht weiter.

Auch ich schwieg und zog den reinen Bogen der Stirn auf das Blatt. Dorine hatte ihren Kopf nicht bewegt und keinen Zug ihres Gesichts gewechselt, dennoch erkannte ich jetzt darin eine geheime Veränderung – ein Schatten von Nachdenklichkeit war in ihren Blick geflossen und hatte den heiteren Glanz überdunkelt.

Rasch eilte der Bleistift von der Stirn zum Auge, den nachsinnenden Schimmer festzuhalten, ob für Dorines Vater, ob für mich, einerlei. Ich mischte all meine Zärtlichkeit in diesen Schein. Aus hauchfeinen Linien und Rundungen bildete ich den reinen, ernsten Blick, vertiefte ihn durch Schatten und Licht und füllte ihn mit dem Morgenglanz ihrer Seele.

Dorine schwieg noch immer. In einer Art von Verwunschensein saß sie da, regte keine Hand, kaum daß ihre Wimpern spielten, nur die Brust hob und senkte sich sanft. Ihr blondes Haar war von einem nachmittäglichen Goldglanz übergossen. Tiefe Stille herrschte in dem Raum, meiner wunderlichen Werkstatt; nur mein Bleistift schabte auf dem körnigen Papier, mein Stuhl knarrte leise, und die wurmstichigen Bänke krachten verstohlen, als wenn sie unter dem Gewicht körperloser Zuschauer und Lauscher aufseufzten. Die Stille spann uns in ihr Gewebe ein.

Ich spürte das lebhafteste Verlangen, mich zu meinem Urbild hinzuneigen und es auf die Stirn zu küssen, weil deren Form so edel und klar, auf die Braue, weil diese sich so fein über dem Auge hinbog, auf das Auge, weil es so licht und tief glänzte. Ich war in meinen Bleistift, der in seinem Zauberlauf über das Papier eilte und Dorines Schönheit niederschrieb, wie vernarrt. Erregt war ich wie jener Meister beim Malen seiner lichtgesättigten Landschaften.

„Dorine", gestand ich, „du machst mich glücklich!"

Sie sandte einen verwunderten Blick.

„Weil ich so gut arbeiten kann!" fügte ich erklärend hinzu.

„Dann bin auch ich glücklich", erwiderte sie. Aber sie meinte sogleich, als hätte sie schon zuviel gesagt oder als wenn sie ihre Worte abschwächen wollte: „Glücklich, daß mein Bild gut wird und ich sicher sein kann, daß sich Vater darüber freuen wird."

Ich zog noch eine Haarlocke zu einem kecken Wirbel aus, prüfte noch einmal mein Stück Arbeit: Stirn, Haaransatz und Auge, und legte den Bleistift weg, um die Freundin nicht länger zu ermüden.

„Genug für heute! Danke, Dorine, du hast tapfer ausgehalten."

Ich fragte sie, ob sie etwa auf meine Zeichnung neugierig sei.

Sie verneinte; an einer Dorine mit halber Nase, einer gedrittelten Backe und einem angedeuteten Ohr sei ihr nicht viel gelegen. Man müsse dem Künstler, sagte sie, sein Arbeitsgeheimnis so lange lassen, wie er es nicht selber preisgeben wolle. Sie erinnere sich noch gut daran, daß ich früher Unfertiges nur widerwillig gezeigt hätte. Bei ihr fände auch nur eine vollkommene Dorine Anklang.

Ich steckte den Zeichenblock in meine Mappe.

„Hast du eigentlich hier schon mal ein wirkliches Theaterstück gesehen?" fragte ich, auf den Hintergrund deutend.

„Sogar in mehreren Stücken mitgespielt, als Mutter noch lebte. Sie hat für unser Theater mehrere kleine Szenen geschrieben, die in den Ferien von mir, meinen Kusinen und ihren Brüdern aufgeführt wurden. Einmal tat sogar unsere Jute mit, als faule Magd. Das letzte

Stück hieß ‚Die Perlenkette'. Ich war darin eine wunderschöne Nixe!"

„Bestimmt eine Mainnixe", meinte ich. Sie sei es auch noch immer! Nixen hätten wie sie blaue Augen und goldschimmerndes, weinfarbenes Haar – Nixen vom Main, in dem sich die Traube spiegele.

„Ja, und das letzte Stück", erzählte sie, „war sogar dem Main gewidmet. Ich war die Nixe Sinn, der Wassermann hieß Wern und der schöne Waldgeist aus dem Spessart Lohr, fränkische Flußnamen, wie du weißt. Der Geist der Trauben hieß Riesling. Ach, was für ein herrliches Nixenkleid hatte ich an! Ganz aus Silberschuppen genäht und zu beiden Seiten rote Schuppen wie die Forellentupfen. Der Wassermann war tiefblau mit Goldwellen, und der Waldgeist gefiel sich in frühlingshellem Laubgrün mit Schnüren und Blitzen. Der Riesling aber trug ein Traubenkleid mit Beeren und Blättern und einer dicken Beere als Kopf. Die Fabel des Stückes handelte von meiner verlorenen Perlenkette – wer sie mir wiederbrächte, sollte zum Lohn meine Hand erhalten. Da ließ der Wassermann alle Fische im Main ausschwärmen, und der Waldgeist befahl allen Blättern seiner Bäume, in das Wasser zu spähen, um die Perlen zu entdecken. Der Riesling sagte all seinen Beeren längs der Traubenstraße des Flusses, sie sollten ihre Beerenkugeln als Augen benützen und die Wellen millionenfach beäugeln, damit sie die Kette entdeckten und mich zur Herrin bekämen. Prächtige Freier! Und äußerst wirkungsvoll, wie sie nach allen Seiten ihren Dienern die Befehle zuriefen. Ich aber, die Nixe Sinn, wollte nicht untätig sein, vielmehr jedermann zu großem Eifer anspornen: ich beteiligte mich selbst am Suchen. Mit dem wilden Flößer Lichtenfels fuhr ich mainabwärts und blickte in die Wellen hinunter. Der lustige Flößer schwang sich an seiner riesigen Flößerstange bei den Flußkehren in die Luft und schrie dann jedesmal:

Holupp, ihr Leut, zieht ein die Häls,
Es kommt der Flößer Lichtenfels!

Das klang so gewaltig über das Wasser zu meinen Füßen, das in Wirklichkeit aus grünen, rollenden Bändern bestand, daß alle Fische erschraken, die Blätter erzitterten und die Beeren an den Rebstöcken platzten. Und die Perlenkette wurde von keinem gefunden. Am Ende der Floßfahrt aber sagte der wilde Flößer zu mir:

Ich geb eine schöne Kette dir,
Gibst du die Hand, die Ehre mir!
Deine Perlenschnur ist zerstückt und zerstuckt,
Die Perlen haben die Muscheln geschluckt.

Und ich darauf:

Wohlan, mein wilder Flößermann,
Leg mir die neue Kette an!

Und der großartige Lichtenfels, mein Vetter Cosmas:

Was könnte die Kette anders sein
Als unsere Orte und Städte am Main!
An der Schnur des Flusses ist aufgereiht
Perle um Perle, dir geweiht,
Die alten Dörfer, die festliche Stadt,
Kein Fluß solch große Perlen hat:
So freit, holupp, zieht ein die Häls,
Die Nixe der Flößer Lichtenfels!"

Mit ausgebreiteten Armen, Nixenfeuer im Blick, stand Dorine vor der zerfetzten Flußlandschaft des Hintergrundes und sprach die Knüttelverse.

„Wunderbar, schöne Sinn!" rief ich. „Und warum

war ich nicht dabei, ja nicht einmal eingeladen? Ich hätte die Bühnenausstattung besorgen können."

„Du warst damals auf der Münchner Malerakademie", erwiderte das Mädchen.

„Sonst hätte ich als Junker Aquarell mitgetan und dem wilden Flößer die Braut abspenstig gemacht."

„Wenn es dir gelungen wäre! Und wodurch, meinst du?"

„Durch ein Bild: Städte und Dörfer am Main, wie holde Traumgesichte durcheinander schwebend, ein ganzer Reigen in feinen Farben, Bild an Bild wie Perle an Perle gereiht, und mitten darin als allerschönstes Sinnbild unserer Heimat – Dorine, die berückende Sinn!"

„Dies Bild", erwiderte sie, „hätte mir wahrscheinlich sehr gefallen; du könntest es nachholen."

Und damit sprang sie von der kleinen Bühne in den Zuschauerraum, eilte die Stiege hinunter und ließ mich mit meinem Bilderspiel allein.

Prosa des Gartenlebens

Ich kam dazu, als Borngart mit einer Handspritze seine Gartenbeete übernebelte. Die Spritzflüssigkeit im Holzbottich hatte eine dunkle Farbe wie trübes Mainwasser. Da die Beete noch unbestellt waren, wunderte mich sein Tun, und ich fragte nach dem Grund dafür.

„Ich bereite den kommenden Pflanzen ihre Quartiere. Diese Spritzflüssigkeit erweckt und fördert die

Humuskraft des Bodens. Sie wird aus Kuhdung hergestellt, der gleich meinen Kompostdrogen auf besondere Weise behandelt ist."

„Und diese Verdünnung soll wirksam sein? Es ist doch ganz wenig Dünger im Wasser aufgelöst."

„Auf die Menge kommt es nicht an, sondern auf die Kraft", antwortete der Gärtner. „In der homöopathischen Heilweise werden auch nur kleinste Mengen von Heilmitteln gegeben, und doch haben diese meist größere Wirkung als Flaschen voller Säfte."

„Verstehe!" erwiderte ich. „Aber warum impfen Sie den Boden gerade mit Kuhdünger?"

„Rind und Erde haben eine sehr innige Beziehung zueinander", sagte Borngart, seine Arbeit unterbrechend. „Kein Haustier lagert sich lieber auf die Erde als die Kuh, keinem ist die rasche Bewegung unangenehmer und schädlicher. Das Rind ist träg, ruhebedürftig, massig und rundlich wie die Erde selber. Kuh und Erde verdauen langsam, sie brauchen gemächlich Zeit zum Umsetzen der Nahrungsstoffe. Die Kuh ist eine breite, gleichsam vegetative Natur: zu ihrem Lebensunterhalt nimmt sie Pflanzenkraft auf, zum Unterhalt der Pflanze gibt sie neue Lebenskraft an die Welt der Gewächse ab. Von dieser Wechselwirkung, einem naturgewollten Austausch, gewinnen der Landmann und der Gärtner. Auch der verwöhnteste Esser muß diese Einträchtigkeit gelten lassen, mag sie ihm auch noch so anrüchig erscheinen. Und so verstehen Sie nun auch, daß ich mit meiner homöopathisch verdünnten Düngerlösung einen Fruchtbarkeitszauber treibe: Lebenskraft der Kuh wandelt sich zur Lebenskraft der Pflanze."

„Aber ich habe nie beobachtet", wandte ich ein, „daß Sie jemals Stalldünger in Ihre Beete untergegraben hätten."

„Das wird in meinem Garten nie geschehn", erwiderte er. „Was wir den Pflanzen zuführen, hat die Fäulung bereits durchgemacht. Stallmist ist erst nach völliger Verrottung und Vererdung für uns brauchbar. Die Natur ist unser Vorbild. Wer unvergorene Jauche an seine Pflanzen gießt und frischen Mist in seine Beete gräbt, tut nicht wie die Natur, die es vermeidet, dem Erdboden Zersetzungsgifte einzuverleiben. Oberirdisch bereitet sie sich aus Verweslichem ihre Komposte und Feinerden. Weder den Gemüsepflanzen noch ihren Verbrauchern kann es bekömmlich sein, wenn die Fäulung in der Nachbarschaft der Wurzeln vor sich geht: Gärungsgifte und unzersetzte Düngersäfte geraten in den Saftstrom der Pflanze. Das faulige Zeug mästet und vergeilt nur das Gewebe. Ja, essen wir Menschen denn faulende Speisen? Unsern Nahrungspflanzen aber muten wir sie zu. Ist diese übelriechende Mistwirtschaft unser würdig? Im Zeitalter hochentwickelter Technik, tiefgründiger Wissenschaften, ahnungsvoller Ernährungskunde! Wir haben Bach, Mozart und Goethe gehabt – und noch immer sind wir in unsern Gärten und Feldern so rückständig und roh, die Nahrungspflanze, ohne die wir nicht leben können, in Jauche und Mist wachsen zu lassen. Nein, Adventer, das werden Sie beim alten Borngart nicht sehen! Was nicht da hinten in den Grabhügeln des Kompostes zu Erde geworden ist, kann nicht in meinen Beeten seine fröhliche Wiedergeburt feiern!"

Ich dachte über das Gehörte nach, während Borngart seine Arbeit wieder aufnahm, die Druckluftpumpe betätigte und die Beete besprengte.

„Was Sie sagen“, meinte ich zu ihm, „hat viel für sich. Wir sollten mehr Augenmerk der Natur widmen und ihr absehen, wie sie gärtnert, pflanzt und pflegt. Sie ist ja doch der beste Landwirt und der bewährteste Gärtner. Alle unsere Künste und Gescheitheiten können ihr einfaches Handwerk nicht überbieten. Es ist wirklich nicht angenehm, sich auszumalen, was für eine dunkle Vergangenheit eine Blumenkohlsuppe haben kann.“

„Wenn Ihre Mutter meinen Blumenkohl dünstet“, rief Borngart drastisch aus, „gibt es in der Küche keine unangenehmen Düfte. Blumenkohl aber, der Bäder von frischer Jauche über sich ergehen lassen mußte, riecht noch aus dem Kochtopf nach der Senkgrube.“ Und er blies einen gewaltigen Nebelschleier über die Beete.

„Es war ein langes und breites, was ich Ihnen sagte, Adventer“, schloß er seine Erklärungen. „Hoffentlich habe ich Sie damit nicht gelangweilt. Jedoch schmeckten Ihnen meine Gemüse halb so gut, wüßten Sie nichts von ihrer Herkunft und Zucht. Auch wäre Ihnen der Sinn meiner Arbeit nicht genügend klar: Die Erde ist der liebe Leib, den ich verehre; meine Gemüsepflanzen aber sind ihre Kinder. Ich muß dafür sorgen, daß sie mir Ehre einbringen und den Menschen gute Kräfte. Dafür bin ich verantwortlich, das ist meine Aufgabe!“

Radieschen

Borngart verzehrte an dem kleinen Gartentisch sein Frühstück, Brot und Radieschen. Ob ich nicht ein leckeres Frühstücksbrot mitessen wolle, fragte er gastfreundlich, als ich ihn um ein paar Radieschen als Vorlage für meine Pflanzenbilder bat. Zugleich schnitt er mir eine Scheibe Brot ab und stellte mir den Teller mit den Radieschen hin.

Der Anblick der frisch gewaschenen hübschen Dinger regte meine Eßlust an, und ich ließ mir das Frühlingsbrot gut schmecken. Die Radieschen waren krachend knusprig und zart. Da ich den Genuß hatte, war es angebracht, den frischen Pflegling, das neugeborene Früchtchen des Gärtners und die feine, würzig-anregende Schärfe des Fleisches zu loben.

„Das Rosenrote Ideal“, gestand der Gemüsemann, „ist unter den frühesten Gartengemüsen mein Frühlingsideal. Nach dem langen Winter trägt es zur Erheiterung meines Gemütes bei. Ist es nicht auch zum Anbeißen hübsch?“ rief er, packte eines beim Wurzelschwänzchen und ließ es vor seinem lächelnden Mund hin und her klunkern. „Wie ein rotbäckiges Landkind! Bei uns daheim in Bamberg, in der Gärtnerstadt, nennt der Volksmund die rotbäckigen Kleinkinder in der Tat Radieschen. ‚Wie geht es Ihren netten, lieben kleinen Radieschen, Frau Nachbarin?‘ hab ich manchmal in den Nachbargarten vor der Stadt hineingerufen. ‚Danke der Nachfrage‘, kam es zurück. ‚Sie werden immer dicker, runder, rotbäckiger und frecher!‘ – Genau so müssen die Radieschen heranwachsen. Sie verlangen jedoch guten, gelockerten Boden und wollen tüchtig Wasser trinken. Dann wölben sich ihre Bäuchlein. Ja, mein lieber Adventer, Gartenpflanzen wachsen einem wie Kinder ans Herz. Wer 's nicht begreift, ist kein richtiger Gärtnersmann."

Ich könne mir den Frühling, sagte ich, der uns die ersten Gaben des Würz- und Kräutergartens bringt, nicht gut ohne Radieschen vorstellen. Mit ihnen käme die Lebensröte auf den Tisch. Schnittlauch und Radieschen seien geradezu die Landesfarben des Frühjahrs!

„Frische Butter gehört auch dazu", versicherte mein Radieschengeber. „Auf dem Untergrund der Butter wirkt der farbige Frühling noch einmal so keck und erfrischend. Die Butter verstärkt den Frühlingsgeschmack!" meinte er und hängte eine kleine Radieschenträumerei an seine Bemerkung:

Geh doch zu Gärtners Lieschen
Und hole mir Radieschen
Mit Büscheln grün und frisch
Für meinen Morgentisch!

„Übrigens gibt es", fuhr er fort, „nicht nur im zeitigen Frühjahr Radieschen. Der Rubin reift im Mai, das Riesenbutterradies im Juni. Wir haben es selbstverständlich gesät. Es ist sehenswert, bis zu hundert Gramm schwer, doch bleibt es zart im Fleisch und schmeckt fein gewürzig. Wahrscheinlich ist das Radieschen eine neuzeitliche Schöpfung. In den Büchern steht, es sei erst zu Beginn des neunzehnten Jahrhunderts in die europäischen Gärten gekommen."

„Woher wissen Sie es?"

„Die Geschichte der Gemüsepflanzen, eine Art von Menschheitsgeschichte, ist meine Liebhaberei", sagte er. „Sehen Sie, es ist eine großartige Leistung, aus dem wilden, derben Rettich das köstliche Radieschen herauszuzüchten. Solch eine Veranlagung und angenehme Würzigkeit traut man dem alten Kreuzblütler gar nicht zu. Als ich noch Obstgärtner beim türkischen Sultan war, machte mich ein persischer Gärtner mit einem Griechen bekannt, der nicht nur einen prächtigen Garten am Bosporusufer besaß, sondern auch eine glänzende Sammlung alter Gartenwerke, Prachtbücher arabischer, englischer und holländischer Pflanzenkenner mit Holzschnitten und farbigen Stichen. Nichts in Konstantinopel betrachtete ich lieber als diese schönen Schriften. Aus ihnen schöpfte ich einige wenige Kenntnisse über die geschichtliche Vergangenheit der Gemüsepflanzen. Die Holländer meinen, das Land Italien habe die ersten roten Rettiche, die Vorahnen unseres Gartenkindes, hervorgebracht. Sie haben es von Matthiolus, der ja ein gründlicher Kenner ist. Aber wer das erste Radieschen züchtete, das seinen Namen vom lateinischen radix, die Wurzel, hat, wüßte ich zu gern. Dem Mann gebührt ein Gedenkstein, er war ein Freudenbringer!"

„Alles am Radieschen ist fröhlich", meinte ich.

„Die Farbabstufungen der verschiedenen Sorten, ihr Lackrot, Rosenrot und Scharlach, erfreuen das Auge des Gärtners, des Essers und des Malers, will ich meinen. Ist es nicht, als wenn die Blühkraft in die Wurzel hinabgesunken sei und sie rot gefärbt habe? Und wie vielfältig sind die Formen des Radieschens! Wir haben kugelrunde, bauchige, eiförmige, längliche, zapfige. Manche enden in dünnen, langen Wurzeln – das sind die Mäuseschwänzchen, wie sie Ull nennt. Unter diesen

Günstlingen der Feinschmecker, zu denen wir uns rechnen, kannte man einst ein Radieschen, das noch heute gerühmt wird: Missionare brachten es im vorigen Jahrhundert aus dem Fernen Osten nach Europa: Chinesische Winterrose war sein poetischer Name, und er scheint nicht übertrieben, zur Poesie des Gemüsegartens gehört gewiß unser volkstümlich gewordenes Radieslein, mag es auch nur Rosenrotes Ideal, Riesenbutter, Würzburger Riese oder Non plus ultra heißen. Ein anderes stammt wie eine indische Prinzessin aus dem Inneren Asiens und hatte den Namen Riesenrotes von Kaschgar. Leider hatte ich nicht das Vergnügen", fügte er hinzu, „die beiden in meiner türkischen Zeit kennenzulernen; ich hätte sie mit Wonne verkostet."

Ich fragte ihn, wie er in die Türkei gekommen sei.

„Als junger Gärtner arbeitete ich in Wien. Von dort aus tat ich mit meinem Spaten einen kleinen Sprung und war am Bosporus. Die Welt ist auch für den Gärtner nicht groß, und überall gibt es Gärten. Der Sultan Abd ul Hamid mit seinen hundert Haremsdamen schätzte meine Radieschen so sehr, daß er mir den Iphtiar anheftete, einen Orden für Kunst und Wissenschaft; er ließ mir durch seinen Hofmarschall sagen, ich sei ein wissenschaftlicher Gemüsekünstler!"

Er lachte wie über einen gelungenen Scherz.

„Solche erheiternde Vorfälle hängen mit unserm lustigen Radieschen zusammen. Auch Ulls Heiratsantrag an Jute!"

„Hatte er Glück?"

„Nicht die Bohne", erwiderte Borngart. „Die Mehlschwitze kenn ich. Sie sagte ihm, sie wolle nicht ins Gärtnerhaus heiraten. Nun, es ist kein Gutshaus; aber baufällig ist es auch nicht. Sie sollte nicht so dick tun!"

„Vielleicht ist er nicht geschickt genug zu Werke gegangen ..."

„Er hat seine Werbung in die Form eines Rebus gekleidet, als er sich kürzlich mit ihr bei den kalten Kästen befand und für Herrn von Heckenast Radieschen auszupfte. Ein schnurriger Bursche! Legte er doch zwei Radieschen auf Jutes Hand mit der Frage, was das vorstelle, ob sie das Rätsel lösen könne. Das eine Radieschen, erklärte er ihr, bedeute Jute, das andere Ull! Sie habe ihn mit ihren Kohlenaugen angefeuert, wie er berichtete, aber gelöst habe sie das Rätsel nicht. ‚Und was soll Ihr Radieschenpaar bedeuten?' knurrte sie ihn an. Und er antwortete: ‚Sie und ich – bilden ein Paradies!' Sie habe ihn aber mit seinem Paar-Radies-Paradies ausgelacht. Wenn das alles sei, was er zu sagen habe, brauche er ihr nicht zu kommen, gab sie ihm zu verstehen. Und damit vertrieb sie ihn als feuriger Küchenengel aus seinem Hoffnungsparadies."

Borngart war mit dem Frühstück fertig, klappte sein Taschenmesser zusammen, steckte es ein, räumte den Teller weg und endete: „So hängen seine Austreibung und mein Orden mit den Radieschen zusammen!"

Er gab mir ein Bündelchen für meine Malerei mit den Worten: „Malen Sie ein schönes Bild davon, Adventer, ein Bild voller Frühlingsfreude und Erdenkraft. Dann werden Sie, selbst mit einem so schlichten Vorwurf, dem fühlenden Beschauer des Bildes Freude bereiten!"

Und er bückte sich zu seiner Erde nieder, um seine Pflanzarbeit fortzusetzen, während sich Ull am andern Ende des Gartens mit betrübtem Gesicht über ein Saatbeet beugte.

Kopfsalat

Mit den zierlichen Radieschen war ich bald im reinen. Es wurde ein frisches, prangendes Bild. In meiner geplanten Reihe der Gemüsetafeln stellte ich die Pflanzen nach alter Meister Weise dar wie jene Nürnberger und Augsburger Blumen- und Gartenmaler, denen wir die herrlichen Werke verdanken. Nur nahm ich statt der Kupferstichnadel den Schwarzstift zur Hand, zeichnete mit Genauigkeit die Umrisse und Teile bis auf das kleinste Wurzelfäserchen und das dünnste Blatthaar und aquarellierte sodann das Bild. Borngart fragte mich, warum ich die Pflanzen nicht mit Öl male. „Weil ich keinen Salat anmache", erwiderte ich scherzend und meinte damit, daß es mir nicht gefalle, Pflanzen in Ölfarbe darzustellen. Die Pflanze sei ein wasserfeuchtes Gewebe: Regen und Tau tränkten sie. Mit der Aquarellfarbe vermeinte ich ihrer wässerigen Natur eher beizukommen als mit dem Öl. Ich hätte es auch wiederholt ausgeprobt – meine Hand sei mehr für das Wasser und weniger für das Öl geschaffen. Auch darin, nicht nur in meiner Weltlust, meiner Liebe zur Form und meinem scharfen Augensinn, bin ich ein Flußfranke. Ich könnte aber auch als echter Sohn meiner Traubenheimat statt mit Wasser meine Farben ebensogut mit Weißwein anrühren. Noch mit Wasserfarbe vermag ich pinselfein zu zeichnen und zu schreiben, beim Öl verfüge ich nicht über die gleiche Geschicklichkeit.

So wurden die beiden Radieschen, Ulls Radieschenpaar, auf meinem Blatt noch einmal aus dem Wasser geboren, mit dem sie im Garten so reichlich bedacht worden waren. Nun hätte ich recht gern wieder an Dorines Bild gearbeitet. Doch blieb sie unsichtbar für mich: eine ältliche Verwandte, auf der Reise von Nürnberg nach Frankfurt begriffen, hatte sich für ein paar Tage im Haus niedergelassen und mit ihren Koffern anscheinend alle Ausgänge versperrt, so daß Dorine nicht zu mir entwischen konnte.

Von Frühlingsunruhe umhergetrieben und erfüllt von Sehnsucht nach Dorine, durchschlenderte ich den Garten. Der Himmel war wolkenlos, in den Lüften wehte es von Gold und Süße, Franken öffnete sein zärtliches Herz, und die Sonne küßte es mitten darauf. Ich fühlte mich wolkenleicht und erdenschwer in einem. Die von der Erde aufsteigenden Düfte rissen meine Sinne in ihren Wirbel, während meine Füße auf den Gartenwegen dahinstapften und dem Gärtner nachsteuerten, der durch den Traubengang zum Eckturm gegangen war.

Der alte Mann liebte es, sich zuweilen über seinen Garten zu erheben, wie ein Vogel über das Nest, um ihn von oben zu betrachten. Er betrat dann seinen Gartenturm und überschaute von der Zinne seine Welt und die größere Welt ringsum.

Hier lag seine umfriedete Werkstätte, das Reich seiner Arbeit, seines Planens und seiner Liebe. Gern nannte er sich einen Arbeitsmann Gottes. Der Boden seiner Werkstätte war die Erde, ihr Dach der wechselnde Himmel. Die graurote, fugige Mauer von Buntsandstein begrenzte sie, an ihre Wände waren die Wappenbilder seines Standes geheftet, die Spalierbäume. Das Land hielt seinem Blick einen Spiegel vor, die breit fließende Ader des Maines. Höhen winkten ihm auf seinem südlich geneigten Hang zu und zogen, von seinem Auge gegrüßt, hinein in den tiefen Waldgrund des fernen, geahnten Spessarts. Regen, Sonne und Wind waren in seiner Werkstatt als eifrige Helfer zu finden; mit den Elementen hatte er Umgang: ein Stück der Erde war ihm in die Hand gegeben, und durch sie war er mit den Sternen verbunden, mit dem zu- und abnehmenden Mond und den Tierkreiszeichen, deren Zustand und Stellung er bei Saat und Ernte berücksichtigte.

Sah ihn einer abends im scheidenden Licht oder im Frührot auf seinem Turm, mochte er ihn vielleicht für einen alten Soldaten halten, der sich eine blaue Arbeitsschürze umgebunden und einen regenverwaschenen Hut aufgesetzt hatte; für einen weißhaarigen Krieger, der noch einmal über das gerötete Gefilde hinspähte; für einen greisen Heerführer wohl, der in straffer Haltung und mit durchdringendem Blick auf sein grünes Fußvolk hinabschaute, das alle Gevierte, Plätze und Beete besetzt hielt. Unerschöpflich quoll sein lebendiges Heer aus der Erde. Begeisterte Fähnlein wurden geschwungen. Der Spinat begann zu schießen: da durfte er bald abrücken, um neuen Zügen Platz zu machen.

Ich selbst sah meinen alten Freund nicht so kriegerisch. Er wollte mir eher wie ein weißhaariger, weitgewanderter Sänger aus einer Land- und Gartenballade vorkommen, der vom Turm schaute und seinem Liede nachsann. Es war eine stumme und wortlose Weise, ein Gesang im Herzen. Der Garten spielte sie ihm zu, und er nahm sie glücklich auf. Da flossen die langen Strophen des Kopfsalats und stimmten, vom Tau des Morgens und von der Kannenbrause berieselt, ein in das tonlose Loblied. Die zarten, zitterigen Zeilen der noch bodennah nistenden Zucker- und Markerbsen, in bläulichgrüner Lebensfarbe prangend, mischten sich in die Weise. Der Bologneser Fenchel wedelte, wehend mitspielend, mit dem feinen Fiederlaub. Der Frühlingsspinat war auch dabei. Die langen Reihen der frühen Rettiche, in feuchter Lebenslust strotzend, taten mit im stummen Chor. Lebhaft schnürten die jungen Buschbohnen heran, mitzuhelfen in der Gartengemeinde. Jünglingshaft, vom Dasein beglückt, feierten sie ihren Gärtner. Sie alle und alle die anderen Pflanzen, die da waren, und jene, die noch kamen, hatten sich zum großen Kanon des Gartenwerks geeint.

‚Ich danke dir, du liebe Erde, und dir, Licht der Welt', mochte es in seinem Herzen erklingen, ‚daß alles so gut wächst! Wenn in der Nacht ein kleines Gewitter käme mit einem tüchtigen Regen, wäre es noch besser. Die Frühkartoffeln sind schon recht hübsch. Mit dem Zuckermais will ich diesmal bis Anfang Mai warten. Voriges Jahr säte ich etwas zu zeitig, das bringt keinen Vorteil. Morgen früh müssen zwanzig Spankisten mit Kopfsalat weggeschickt werden. Mit dem Kohlrabi ist es auch soweit. Ull sollte flinker sein, seit der Sache mit Jute ist er wie vor den Kopf geschlagen. Aber meine Kunden wollen junges Gemüse haben!'

Nach dieser kurzen Betrachtung stieg er die mit Mauerpfeffer gepolsterte Treppe wieder hinunter. Ich verweilte ein wenig bei einem Beet, Blätternester und Linienspiele betrachtend. Was würde ich als nächsten Vorwurf meiner Malerei vornehmen?

„Die meisten Menschen", meinte Borngart herantretend, „erfassen wohl die Schönheit eines Blumen- und Ziergartens, die für sie doch wohl mehr oder weniger eine überlieferte Schönheit ist. Sie werden die Rose glühend und die Nelke feurig nennen, wie es schon ihre Vorfahren taten. Neue Schönheitsbegriffe werden sie, da es ihnen an Vorstellungskraft fehlt, zu den alten kaum hinzufügen. Würde man sie nach der Schönheit eines Gemüsegartens fragen, bekäme man ein verwundertes Gesicht zu sehen. Sie haben von den Gemüsepflanzen eine nur zweckhafte Ansicht. Der Küchendampf hat sich als undurchlässige Schicht auf ihre Augen gelegt. Die Schönheit des Gemüsegartens ist nicht aufdringlich, mehr eine geheime, verborgene. Doch steckt die ganze Kraft der Erde darin. Könnte ich doch all das Wuchern, Prangen und Glück ausdrücken!"

„Sie drücken es aus, indem Sie die Pflanzen züchten und heranbilden", erwiderte ich. „Ihr Gleichnis ist der lebende Rhabarber, der wirkliche Kopfsalat, meines der gezeichnete und abgemalte."

Wir standen gerade beim Kopfsalat, als Borngart die geringe Schaukraft der Leute beklagte. Die überschwellend geformten Köpfe fühlten sich wohl. Sie hatten ein gesundes, ehrliches Aussehen und trachteten danach, fest und voll zu werden. Darin waren sie Vorbilder an Lebensfleiß und Tüchtigkeit. Zum Schönsein und zum Schmuck waren sie nicht geschaffen, und doch erinnerte ihre runde, behäbige Gestalt, die sich verdichtete und zugleich mit den Außenblättern entfaltete, an die Form einer gefüllten Rose. Ihr Blatt verriet durch seinen grünen weichen Schimmer, der das Öl anzudeuten schien, mit dem es einst beträufelt würde, so glänzte es – es verriet den Wohlgeschmack, die Mildheit und die Frische des Herzens. Dieses war sicherlich zart und kernig. Geborgen ruhte es im Kleid der zusammengewölbten Blätter, in der kühlen Mitte der Rose. Wer huldigte diesem Herzen? Der Esser? Die Bestimmung dieses Herzens war, zerrissen zu werden. Die verhüllte gelbliche Knospe würde den Tag der Ernte nicht überleben.

„Kristallkopf", nannte Borngart diese Art.

Sie sollte wohl die Härte eines Edelsteins gewinnen und die Rundheit des Kopfes. Die Züchter lieben absonderliche Namen. Wer diesen grünen Kopf einst spaltet, gieße in seine Wunden reichlich Öl, peinige ihn aber nicht mit einem zu scharfen Guß von Essig und mit Schwarzem Pfeffer!

„Ein krachender Salat!" erklärte Borngart. „Wir sind diesmal frühzeitig mit ihm daran. Er verlangt aber viel Feuchte. Wird mächtig. Löscht die Hitze des Sommers im Blut. Der gelbliche dort, mit dem es nun zu Ende geht, ist der Maikönig. Am liebsten ist mir der Venloer Butterkopf, der dicke Holländer; er behauptet seinen Kopf und verliert ihn nicht zu bald."

Jute erschien, um Salat für die Küche zu holen.

„Ull", rief Borngart seinem Gehilfen zu, „sie kommt!", und „Ich gehe", flüsterte er mir zu, „sonst gibt es wieder Streit. Sie ersäuft den Salat im Wasser und ertränkt den Herrn von Heckenast in Essig."

Wir schlugen uns auf die Seite, ich mit einem harten Salatkopf, einem Maikönig, den Borngart mit schnellem Messerschnitt von seinem Wurzelstumpf für mich abgetrennt hatte.

Die Kunst der Zubereitung erfordere einen feinen Geschmackssinn, der sich vor allem auch der Würzkräuter zu bedienen wisse, meinte der Alte. Kein vernünftiger Mensch behandle ein feines Auto mit minderwertigen Flüssigkeiten, schlechten Ölen oder geringem Kraftstoff. Die Behandlungsweise halte mit der Vervollkommnung der Technik Schritt. Der Salat in seiner heutigen Feinheit und Veredlung habe einen viel längeren Weg der Entwicklung von der Ausgangspflanze zurückgelegt als das Auto von der ersten Karre bis zu seiner neuzeitlichen Form. Nur wenige Nachdenkliche achteten die Mühe und Größe der gärtnerischen Kulturleistung, die für die Menschheit unvergleichlich bedeutungsvoller sei als der schönste Wagen. Und doch hielten die meisten Salatmischerinnen noch bei den geschmacklosesten Zubereitungsarten und Manschereien, bei den rohesten Mitteln. Es sei erstaunlich, wie geschmeidig und wandlungsfähig der Züchter, wie dürftig und rückständig aber der Verbraucher im allgemeinen sei. Für wen strenge man sich an, für wen vergeistige man die Arbeit? Für Jute? Er schüttelte heftig den Kopf. Nein, nicht für sie – nach ihr kämen andere, bessere. Der Züchter sei ihr Vorläufer, tröstete er sich.

Sein Auge schaute fernhin, in seinem Blick glühte verheißungsvolles Licht. Und nun glich er nicht einem alten Kriegsmann, als er noch einmal mit mir auf seinen Turm hinaufging, während sich der Abend über den Garten senkte; er erinnerte auch nicht an die Legendengestalt des Sängers aus einer Landballade – er war zu einem Künder eigener Art geworden, einem Vorhersager, der das künftige Gemüsezeitalter heraufsang, das Jahrhundert der vollkommenen Eintracht zwischen Gemüsegärtner und Gemüsefreund.

Ull, der Geschichtenerzähler

Ich mußte nach Würzburg fahren, um dort eine geschäftliche Angelegenheit für meine Mutter zu erledigen. Als ich damit fertig war, überließ ich mich für ein paar Tage der Schaufreude. Nichts ist leuchtender als das Licht Würzburgs, trocken, durchdringend und heiß: es schlägt noch durch die Mauern seiner prächtigen Bauten, und man muß sich nur wundern, daß es in den Kirchen dämmerig und in den Weinkellern kühl ist. Der Main fließt wie ein Glanzband unter der alten Brücke, auf der die Steingestalten ihre unendliche Lobrede und den geheimen Weihegesang auf meine fränkische Heimat anstimmen. Und die Glocken jubilieren wie Lerchen von Erz und Schall. Ich zeichnete im Hofgarten ein paar steinerne Kindergesichter und aquarellierte ein paar Striche blauer Luft über ein flimmernd hingehauchtes Stadtbild, das ich von der Feste aus nahm. Erst nach einer Woche riß ich mich aus der Bezauberung und fuhr wieder heim.

Inzwischen war es in meinem Orangerietheater zu heiß geworden, ich ließ mich im Garten nieder und arbeitete auf der Bank vor der Orangerie oder im Traubengang. Auf diese Weise konnte ich stärker am Gartenleben teilnehmen, hatte auch freieren Ausblick nach Dorine. Wie Ull sagte, hatte sie sich vorgestern nach mir erkundigt. Die Tante mit den vielen Koffern war abgereist.

Die mißlungene Werbung hatte Ull sichtlich mitgenommen; sein Gesicht war mager, das Haar verwirrt, gewöhnlich trug er einen scharfen Scheitel.

Er jätete im Knoblauchbeet. Ob ich Knoblauch möge, fragte er, während ich einen neuen Salatkopf auf mein Blatt bannte.

„Knoblauch?" erwiderte ich, in meine Arbeit vertieft. „In der Linsensuppe ... Eine kleine Kinderzehe allenfalls."

Ull schwieg, er arbeitete. Mein Salatkopf wurde rund und feist, weich kräuselten sich die kleinen Blattränder.

„Fräulein Jute kann ihn nicht ausstehen!" sagte er endlich.

„Borngart wird es ertragen", erwiderte ich.

„Nicht doch!" entgegnete er. „Ich meine den Knoblauch."

„Das ist doch nicht so wichtig."

„Sehr wichtig ist es!" behauptete er. „Knoblauch hält gesund und verlängert das Leben. Borngart erzählt, in Gebirgsgegenden kräftige er die Männer zum Ersteigen der Berge. Wenn Bulgaren oder Türken über ihre Berge wandern, nehmen sie geröstetes, mit Knoblauch eingeriebenes Brot mit. Sie beißen immer wieder mal ein Stück davon ab, und das nützt, sie klettern dann wie die Ziegen. Der Knoblauchgeruch verursacht Jute aber Übelkeit, und ich esse gelegentlich mal eine Zehe."

Er seufzte wieder, und tiefer als zuvor.

„Aber Sie sind doch nicht mit ihr verheiratet", meinte ich. „Jutes Abneigung gegen den Knoblauch kann Ihnen doch nichts ausmachen."

„Ich werde sie aber heiraten", behauptete er. „Wenn es erst soweit sein wird", fügte er vorsichtshalber hinzu.

Seine Zuversicht war rührend, seine geheime Besorgnis nicht weniger.

„Bis dahin“, tröstete ich, „muß man ihr die Heilsamkeit des Knoblauchs beibringen.“

„Borngart könnte es tun“, meinte er zaghaft.

„Er wird es ablehnen.“

„Das ist es eben!“

„Warum tun Sie es nicht?“

Er zuckte mit den Achseln. „Ich kann’s nicht so gut. Mir fehlt das richtige Wort.“

„Es wird sich einstellen!“ versicherte ich. „Sagen Sie zu ihr, sie sei so blühend jung und hübsch, und der Knoblauch sei die orientalische Ananas der ewigen Jugend. Die schönen Lieblingsfrauen des türkischen Sultans hätten, wie Borngart wisse, nichts lieber gegessen als Knoblauch und zarte Lauchstengel. Davon seien sie lange jung und anziehend geblieben!“

„Aber sie soll ihn ja gar nicht essen“, erwiderte er, „sie soll mich deswegen nur nicht ausschimpfen!“

Ach, was geht mich dieser Knoblauch an! Ich möchte Dorine zeichnen oder mit ihr am Mainufer sein, wo Hahnenfuß und Minze blühen. Der Main leuchtet noch vom Nachglanz Würzburgs, und der Flößer Lichtenfels reist auf seinem Floß mit gewaltiger Stimme durch die Frühlingswelt. An allen Ecken und Enden rufen die Vögel: ‚Dorine, komm! Dorine, komm!‘ Der Amselberg tut einen seligen Seufzer und wälzt sich in Lüften und Düften. Und ich sitze hier, begnüge mich mit Salat und höre mir Ulls Spinnereien an.

„Wenn ich Ihren Kopf hätte, Adventer“, meinte Ull, „fiele mir schon etwas Gescheites ein!“

„Hier meinen Kopf!“ versetze ich und stülpte ihm zum Scherz den Salatkopf auf den Wirrschädel.

Er nahm es nicht krumm. „Mit dem Knoblauch“,

fing er wieder an, „ist es so 'ne Sache. Er vertreibt die Geister."

Nun ist er gänzlich übergeschnappt, meinte ich. Daran ist nur die unglückliche Liebe schuld.

„Wissen Sie", tuschelte er, „in einem Bauerngehöft am Fluß wohnte der Wassergeist Florus. Er arbeitete wie zehn Knechte für die Leute und erfüllte ihnen jeden Wunsch, unter der einzigen Bedingung, daß er täglich ein Schüsselchen Milch mit Zucker für seine Arbeit bekäme. Das gab ihm auch die Bäuerin. Jeder hatte den blauäugigen Florus gern und kam gut mit ihm aus, nur sonntags mißfiel er den frommen Leuten, weil er nicht mit zur Kirche, sondern lieber im Fluß schwimmen ging. Es war eben ein Wassergeist. Nun war aber auf dem Hof ein vorwitziges Dienstmädchen in Stellung, die den Florus gern neckte. Eines Tages tat sie statt Zucker eine Knoblauchzehe in die Milch. Das Männchen merkte jedoch sogleich den ihm widerwärtigen Geruch, schüttelte sich, warf vor Zorn dem Mädchen den Teller an den Kopf und rief:

Milch und Lauch,
Elender Dreck!
Florus zieht weg
Und das Glück auch!

Und so geschah es, der gute Florus floh aus dem Haus. Seitdem weiß man, daß man mit Knoblauch Geister vertreiben kann."

Wenn es so sei, meinte ich, brauche er sich nicht zu wundern, daß auch Jute keinen Knoblauchgeruch möge. Sie sei ein Küchengeist.

Er schmunzelte.

„Adventer", gestand er, „ich kann Ihnen manche Geschichte von Pflanzen erzählen, wenn Sie sie hören mögen. Der Borngart macht sich nichts daraus, der denkt nur immer dran, wie er die Erde besser machen kann und die Gemüse feiner. Alles schön und gut, aber eine richtige Geschichte gehört dazu. Da lebt das Volk drin, wissen Sie. So was hör und les ich gern. Als ich noch'n Bub war, wohnten wir neben einer Klostergärtnerei. Ich hockte mich auf die Mauer oben und guckte zu, wie der Klosterbruder gärtnerte. Da lernte ich frühzeitig Kniffe, der verstand die Pflanzkunst. Salathäupter hatte der, dick wie mein Kopf! Dem Kajetan half ich dann manchmal bei der Arbeit oder besorgte ihm Schnupftabak. Er war ja kein richtiger Klosterbruder, verstehn Sie, nur 'n Gärtner mit 'ner Kutte. Ich glaub, es war 'n Heide, der aus lauter Gartenliebhaberei zu den Brüdern gegangen war. Er erzählte mir alle die Geschichten von Pflanzen und Gemüsen, und daher kenn ich sie. Der Borngart hört nicht zu, wenn ich davon anfange, und die Jute lacht mich aus – aber Sie, Adventer, Sie hören doch so was ganz gern, wie?"

„Wenn die Geschichten nicht zu lang sind!"

Seine Geschichten seien kurz, und zum Beweis wolle er noch eine zum besten geben, die von der Entstehung des Knoblauchs. Und das war so:

„Bei der Verkündigung durch den Engel weinte die Jungfrau Tränen der Freude. Da sie sich gerade in ihrem Gärtchen befand, fielen die Tropfen ins Gras, und alsbald entsproßten da kleine weiße Blumen, tausendfach schön und tausendfach schlicht mit einem goldenen Auge im Strahlenkranz – das Marienblümchen, das die Kinder Gänseblümchen nennen. Der Teufel, der hinter dem Engel hergeschlichen war, um auf seine

Wege und Botschaften zu kommen, blinzelte frech über die Mauer und hörte und sah alles. Kaum war der Engel wieder zur Gartentür hinaus, riß sich der Schwarze voller Wut ein paar seiner bleichen Krallen aus und warf sie zum Marienblümchen. Und auch sie schlugen Wurzel und brachten eine weiße Blüte hervor, eine sternförmige, doch keineswegs eine strahlende und goldäugige – den Neidstern, die Blüte des Knoblauchs. So kam dieser in die Welt. Und da ein teuflisches Flüchlein in diese Blumensaat gemengt war, sterben seitdem all die Pflanzen ab, bei denen der Neidstern auftritt, nur das Marienblümchen nicht. Von den Tränen Marias hat es die Kraft, dem Weiterwuchern des Neidsterns Einhalt zu gebieten."

„Sehr hübsch, diese Geschichte!" meinte ich. „Man erfährt daraus, daß der Knoblauchgeruch ein höllischer Duft ist. Jutes Abneigung hat demnach gute Gründe."

Er runzelte die braungebeizte Stirn und erwiderte, was durch die Hölle gegangen sei, könne dennoch ein himmlisches Geschenk sein – die Knoblauchzehe gebe Gesundheit und hohes Alter. Der Bruder Kajetan habe es ihm schon damals gesagt, und dieser sei auch wirklich uralt geworden, dank der höllischen Zwiebel, von der er in seinem Klostergarten reichlich Gebrauch gemacht habe.

„Daran müssen auch Sie festhalten, Ull", beendete ich, den Zeichenblock zuklappend, die Unterhaltung. „Essen Sie Knoblauch, und bleiben Sie ledig! Dann ist Ihnen ein hohes Alter sicher."

Er kratzte sich den Kopf und schnitt eine Miene, als wenn es ihm nicht darauf ankäme, aus der Fülle seiner Gärtnerjahre zehn zu opfern.

Kleine Astronomie

Gleich einem Sonnenblitz, der durch das Dickicht des Laubes bricht und die gedämpfte Stimmung unter dem Blättergewölbe verjagt, huschte Dorine zu mir in den Traubengang und vertrieb meine Unlust über ihr langes Fernbleiben.

„Wo steckst du nur?“ rief sie mir ungeduldig entgegen. „Hast du in Würzburg eine Freundin abgemalt, weil du so lange weg warst?“

Eifersüchtig?

„Wenn es so wäre“, erwiderte ich, „und die Freundin Dorine hieße, wäre ich nicht so bald zurückgekommen.“

Sie reichte mir die Hand zum Gruß. Da ich sie länger als für einen Händedruck behielt, wurde sie mir rasch entzogen.

„Du hast wohl unser doppeltes Bild vergessen?“

„Es wird mir unvergeßlich sein.“

„Bis zum nächsten!“ versetzte sie. „Wie wollen wir rechtzeitig fertig werden? Haben wir nicht gebummelt?“

„Ich nicht, Dorine. Deine Tante schien für dich alle Türen und auch noch die Fenster verrammelt zu haben.“

„Hätte ich aus dem Fenster springen sollen?“

„Du solltest herausblicken – für das Auge des Zeichners!“

„Hattest du mein Aussehen vergessen?“

„Ich nicht – aber der Zeichner einige Umrisse!“

„Nun gut!“ entgegnete sie. „Hier meine Umrisse!“

Ich betrachtete sie aufmerksam. Die Schönheit ihrer Augen und Wimpern, die Feinheit der Nase und der reine Bogen des Mundes waren nicht nur für den Zeichenstift geschaffen.

„An die Arbeit!“ rief sie und nahm den Weg zur Orangerie.

Kaum hatte sie sich in unserm Theaterchen gesetzt, als sie schon wieder aufsprang: es sei fürchterlich schwül, nicht zum Aushalten!

„Zurück in den Garten!“ rief ich.

Sie befürchtete jedoch, im Garten von ihrem Vater beobachtet oder gar überrascht zu werden. Der Garten sei noch nicht dicht genug, der Traubengang noch zu dünn belaubt, wandte sie ein.

Ich meinte, ihr Vater könne von seinem Fenster aus nicht so weit blicken.

„Du vergißt sein Fernrohr!“

„Wahrhaftig! Er würde eine neue Sternenstellung entdecken“, rief ich, „Dorine und Adventer in Konjunktion.“

„Eine nebelhafte Astronomie läßt du dir da einfallen. Hältst du dich vielleicht für einen Nebelstreif?“

„Ich bin dein Trabant, Stern Dorine! Von deiner Kraft angezogen, umkreist dich der Begleiter.“

„So nimmt der Stern schleunigst seinen Weg und zieht den Trabanten mit sich. Ich gehe zum Zeichnen hinter die Gartenmauer, dort ist es kühler“, entschied sie, entschlüpfte der Backofenglut meiner Malerwerkstätte und bereitete der kleinen Astronomie ein Ende.

Ich beeilte mich, in ihrer Bahn zu bleiben.

Kohlrabi

Zum Zeichnen eignet sich der Kohlrabi trefflich. Er trägt einen Kugelbauch zur Schau, den er sich bodennah herangemästet hat. Gleich dem dickleibigen Rettich entstammt er der Familie der Kreuzblütler, die uns durch ihre Erfindungsgabe und Fruchtbarkeit das Leben bereichert; nur ist der Rettich scharf und flüchtet in die Kühle der Erde, der Kohlrabi aber ist mild und schwebt in der Luft. Sein Blätterschopf ist fleischig, die Blattstiele sind ihm in den Speck gespießt.

Ich zeichnete ihn ab: er hat einen Kopf! Deshalb ist er auch eine Persönlichkeit. Im Gemüsegarten macht er Figur. Schon seit Kindheitstagen liebe ich ihn seiner Gestalt wegen; ich hielt ihn für ein Pflanzenmännchen. Aus seinem Speck machte ich mir jedoch nicht sehr viel, erst später habe ich ihm Geschmack abgewonnen. Im Mai und Juni mag ich ihn gern auf dem Tisch. Meine Mutter bereitet ihn ausgezeichnet. Er zergeht wie Butter auf der Zunge. Doch nur im zarten Blütenalter will er genossen sein. Wird er nicht rechtzeitig geerntet, entartet er zu einem holzigen, geschmacklosen Gesellen. Ich bemerkte, daß Ull die Kohlrabibeete gleichmäßig feucht hielt. Die Trockenheit scheint der Natur dieser Pflanze zuwider zu sein. Doch ist sie bei aller Dickleibigkeit ein genügsamer Gartenbewohner.

„Wir haben frühe und späte Sorten“, erklärte Borngart, „weiße und blaue Kugeln. Seinen hohen Rang wird immer der köstliche weiße König der Frühen behaupten.“

Für einen Vertreter dieser Dynastie hatte ich schon bald mein Auge geschärft, um die Speckrunzeln Seiner Hoheit zu erforschen. Er würde sich mit seinem schwungvollen Blätterbusch auf meinem Blatt stattlich ausnehmen. Jedoch war ich seinetwegen, so üppig und gerühmt er auch war, nicht willens, in kommender Zeit auf die Darstellung des Spätkohlrabis Blauer Speck zu verzichten. Nach dem vergangenen König einen dicken Bürgerlichen, der zudem noch blau anlaufen würde, auf den Thron der Zeichenkunst zu setzen, konnte den farbigen Reiz meiner Blätter nur vermehren und dem Eindruck, den ich mit ihnen zu erwecken hoffte, nur förderlich sein.

Die ernste und die heitere Dorine

Ich hatte mich entschlossen, von Dorine zwei Bilder anzufertigen: statt der geplanten Zeichnung mit einem heiter-ernsten Ausdruck ein Profilbild in Bleistift, die ernste, und ein Gesichtsbild in Rötel, die heitere Dorine darstellend. Die ernste Dorine war fertig, die heitere entstand.

Wir saßen im Schatten der äußeren Gartenmauer, wo man einen schönen Blick auf das Tal und den Fluß hatte, ich mit dem Rücken gegen den Garten, Dorine mir zugekehrt. Kniff ich das eine Auge zu und blickte mit dem andern auf mein Gegenüber, schien sich der Spiegel des fernen Maines zu heben und einen Hintergrund von Wasser zu bilden, in den die Nackenwelle des blonden Haares hineinrollte.

Die blauen, vom Schatten der Mauer durchfunkelten Augen sahen an mir vorbei zum Schlehenbusch, von dem ich im Winter meinen kahlen Zweig gebrochen hatte. Heute stand die Schlehe grün und freudig vor der Wand, von der auch die Brombeerranken niederhingen, und hatte ihr Laubkleid an. Sie war nicht mehr kahl, winterlich und nüchtern.

Dorine spielte die Heitere und lächelte wie traumverloren. Doch wirkte ihr Lächeln nicht starr, aus einem fröhlichen Einfall schien es zu stammen.

Der Stift fing dieses geheimnisvolle Lächeln und vertraute es dem Zeichenpapier an. ‚Ernst oder heiter', träumte der Rötel. ‚Dorine ist immer gleich schön! Über ihre Wange fließt die Luft, ein Löckchen erzittert unter dem Anhauch. Wie reizend wäre es, setzte sich der kleine Vogel im Schlehbusch auf ihre Schulter!' Er tat es nicht, flog lieber über die Mauer in den Garten, wo die Hacke klang.

Die beiden Bilder, das heitere und das ernste, sollten heißen: Die ernste und die heitere Dorine. Aber ich hatte längst ein drittes im Sinn: Dorine von Franken.

Von der anwesenden Dorine schaute ich zur Nixenspielerin im Perlenstück, wie sie auf dem Floß hintrieb. Sie hatte einen verwunschenen Gesichtsausdruck und schwamm im Märchenlicht ihres Flusses. Und die schönen Städte und Dörfer ließen ihre Schätze vor ihr aufblitzen. So sollte es werden. Die Vorstellungen huschten durch meinen Kopf und zeigten ihre Farben. Ich schickte sie weg, es hatte noch Zeit mit ihnen; vorerst sollte die heitere Dorine in die Bildwelt treten.

Im blitzschnellen Hinsehen erforschte ich ihre Miene, doch spielten immer wieder die Wolken, die hinwallenden Höhen, die Wälder und der Fluß zu ihren Füßen mit. In Dorines Blicken strahlten die heitere Kraft und das blühende Leben des sonnigen Mainlandes. Auf ihren Lippen schimmerte der Kuß der Heimat. Im Sommergold ihres Haares flimmerten die Lichter von Korn und Wein. In ihrem Lächeln träumte Unschuld des Frühlings. Und es lächelte mit die schöne Sinn.

In wenigen Tagen würde ihr Vater seinen Geburtstag begehen. Da hieß es sich beeilen. Das Bild mußte fertig werden. Ich arbeitete fleißig und unterdrückte alle Gedanken an Liebe und Zärtlichkeit. Ich dachte nur an mein Bild und wie ich alle Schönheit und Jugend Dorines einfinge.

Schweigend arbeitend, zwang ich sie in ihr anmutsvolles Gleichnis. Mit einem letzten, einem auslaufenden Strich vollendete ich das Bild und legte den Rötel weg. Ich durfte halbwegs zufrieden sein.

An der Mauer raschelte es. Dorine blickte empor, ich wandte mich um. Jutes kugelrundes Gesicht schwebte über dem Steinrand. Die Augen, groß und glänzend wie Schwarzkirschen, stahlen sich zu meinem Bild. Rasch ließ ich den Arm sinken, um ihr den Anblick der Zeichnung zu entziehen.

Sie möchte zu gerne wissen, rief sie betulich herüber, wie weit wir seien und ob sie das Bild mal anschauen dürfe.

„Wie weit sind wir?“ fragte ich Dorine.

„Ich bin nicht neugierig“, antwortete sie.

„Ich eigentlich auch nicht“, rief Jute, „man wird aber doch mal fragen dürfen.“

„Hüpfen Sie über die Mauer!“ forderte ich sie auf.

„Ich geh lieber außen herum!“ versetzte sie.

Dann lief sie weg.

„Sie hat es eilig“, sagte ich zu Dorine. „Bevor Jute das Bild ansieht, mußt du es sehen; dir gebührt der Vorrang!“, und ich reichte ihr den Block. „Gefällt es dir nicht, schicken wir Jute wieder weg, ohne daß sie einen Strich aufgeschnappt hätte.“

Sie betrachtete die Zeichnung.

„Danke, Lieber!“ sagte sie endlich und verbesserte sich errötend: „... lieber Adventer! Es ist schön und völlig mir ähnlich.“

„Gut!“ erwiderte ich. „Nun mag es auch die Öffentlichkeit betrachten.“

Kaum gesagt, erschien Jute. Ich stellte das Bild auf einen Ast des Schlehenbusches, um zu vermeiden, daß die Küchenhand es angreife.

Aus der frühlingsgrünen Schlehe lächelte uns Dorine an, eine entrückte, unveränderlich heitere und für alle Zeiten jung bleibende Dorine. Aus vielen hundert Linien und Strichen war sie geformt und in das bildhafte Dasein erhoben. Nun wohnte die Nixe in meinem Winterbusch und schickte ihre Blicke über den Amselberg in die Welt. Mit dem Schlehenzweig im Winter hatte ich ausgedrückt: Ich liebe dich, und nun mit ihrem eigenen Bild gestand ich abermals: Ich liebe dich! Aber erst das Frankenbild sollte ihr meine ganze Liebe offenbaren.

Jute hatte die Arme gehenkelt, als wenn sie in Lässigkeit ein Schaustück bestaune. Während sie das Bild anguckte, betrachtete ich sie. Sie war stark. Dennoch wirkte sie nicht unvorteilhaft. Verständlich, daß ein langer, hagerer Mann wie Ull in sie als seinen Gegensatz verschossen war. Ihr Haar blinkte von glänzendem Schwarz, die Brauen schwangen sich kräftig gezeichnet, die Haut war glatt und rein, der Mund voll und hübsch, das Kinn rundlich – vieles an ihr hatte die Neigung zum Rundlichen. Zum ersten Mal hatte ich bemerkt, daß ihre Gestalt nicht ohne Reiz war.

„Gar nicht übel!“ schmetterte sie endlich. „Sprechend ähnlich, wie aus dem Gesicht geschnitten, und alles nur mit dem roten Griffel hingesetzt!“

Das sei ein richtiges Bild, rief sie aus, ganz natürlich. Ich sei, weiß Gott, ein leibhaftiger Maler!

Und mich mit ihren Küchen- und Feueraugen anlodernd, sagte sie: „So sieht einer aus!“

Da mußten Dorine und ich doch lachen: Jute war zu drollig und keineswegs das Ungeheuer, wofür Borngart sie hielt. War sie auch keine Meisterin der Kochkunst, schien es mir dennoch nicht aussichtslos, daß die beiden sich versöhnten.

„Ein feines Bild, pikfein, Fräulein Dorine! mir dürfen Sie's glauben, ich fühl, was echt und richtig ist!“ schwatzte Jute drauflos. „Das wird dem Herrn Vater Freude machen. Er wird Sie bestimmt auch wieder einmal“, sagte sie zu mir, „in seinen Himmel gucken lassen. Vielleicht malen Sie uns dann einen Engel!“

„Ich würde Sie zum Vorbild nehmen!“ erwiderte ich und dachte an einen pausbäckigen Posaunenengel.

„Meinen Sie das im Ernst, Herr Adventer? Würden Sie mich auch mal abzeichnen?“

Und sie strich die Schürze glatt.

Ich erfaßte die Gelegenheit, für Ull etwas zu tun, und erwiderte: „Zu Ihrer Hochzeit werde ich Ihr Brautbild zeichnen.“

„Ist es auch wahr?"

„Beim Namen Dorines!" schwur ich.

„Dann ... dann ..." stammelte sie, glührot werdend, „dann werden Sie dazu eingeladen."

„Bestimmen Sie nur den Tag zum Anfangen!"

„Ja, aber ...", wandte sie ein.

„Kein Aber! Ein Brautbild setzt eine Verlobung voraus."

In diesem Augenblick erschien Ull wie gerufen. Er hatte uns gehört und spähte über die Mauer.

„Haben Sie es gehört, Ull?" rief ihm Dorine zu.

Er zeigte eine verdutzte Miene.

„Was soll ich gehört haben?" fragte er höflich. „Ihren Herrn Vater? Er rief nach Ihnen und auch nach Fräulein Jute. Ich wollte es ausgerichtet haben."

Dorine sagte, ich sollte das Bild ins Theater legen, wo sie es später abhole, packte Jute am Arm und eilte mit ihr hinweg.

Bevor sie jedoch um die Ecke bogen, winkte mir Dorine noch einmal zu, und Jute rief mahnend: „Ich hab Ihr Wort!"

Sie hatte es. Es wird mir nicht auf ein Bild ankommen.

Ull blickte noch immer herüber. Da standen wir beide allein – er im Garten, ich vor der Mauer. Jeder trug in seinem Herzen ein Bildnis, das er mit allem Zauber schmückte.

„Ich soll Jutes Brautbild zeichnen!" sagte ich zu ihm. „Das bedeutet Gutes. Aber verlangen Sie nur jetzt nicht ein Bräutigamsbild von mir! Das wäre wiederum des Guten zuviel."

Verständnislos starrte er mich an.

Erbsen

Jute sorgte dafür, daß ich auf dem Amselberg der Maler in aller Munde wurde. Herr von Heckenast ließ mir durch Dorine seinen Dank für die Zeichnungen ausdrücken und schenkte mir als Gegengabe eine alte, bunte Sternkarte, auf der die Sternbilder als Götter und Tiere dargestellt waren. In den Sternfiguren begegnete der Stier dem Löwen, die Krebse begrüßten den Wassermann, der einen langen Stab mit einem Dreizack in der Hand hielt, so daß er beinahe dem wilden Flößer Lichtenfels glich: wie dieser mit seiner Flößerstange im Mittagsfluß, so rührte jener mit seinem Stab im Ätherstrom. In diese abenteuerliche Karte mich versenkend, lenkte ich meinen Blick über Borngarts Gemüsegarten zu höheren Kräften und wandelte durch die Sonnen- und Mondgefilde.

Da nun aber die Erbsen im Garten erblühten, hatte ich bald nichts eiliger zu tun, als die Sterne zu verlassen und mich bei den Blühenden einzufinden und ihren feuchten Pflanzenhauch zu schmecken. Sie strotzten im Laub, in ihrem Geschling wohnte der Geist des Wachstums. Ihr Grün zeigte sich von zahlreichen feinen Äderchen genetzt und von milchigen Flecken geblattert. Akazienweiß und blumenbunt schwebten ihre Blüten an den gekrümmten Stielen, als wenn weiße und farbige Immen das buschige Gewirr der Ranken durchstiebten. Grün, Violett und Weiß boten einen freundlichen, frühlingsreinen Anblick.

Ich holte mein Arbeitsgerät und einen Schemel und ließ mein Auge durch das Erbsendickicht fliegen.

Manche Büsche trugen bereits Schoten, ich knackte und kneifelte ein paar auf: die grünen Erbsen glichen dichten Perlenreihen in einem hübschen, schnabelförmigen Behältnis.

Die Erbse ist die erste runde Frucht, die der Gärtner von einem Zweiglein seines Gartens erntet, und deshalb ist sie ein Vorbote des früchtereichen Sommers.

Borngart hatte mich bald entdeckt und besuchte mich in der Erbsenhecke.

„Wir haben mehrere Sorten gesät", sagte er. „Sie müssen darauf achten, wir haben Zucker-, Mark- und Pahlerbsen."

Während ich meine Ranken zog, hielt mir Borngart einen kleinen Erbsenvortrag. Die Erbse ist mir eine willkommene Frucht, und so freute ich mich, aus ihrem schlichten Hülsenfruchtleben einiges zu hören. Ich erfuhr von drei Erbsengruppen, den Kneifel-, Pahl- oder Schalenerbsen, den Markerbsen und den Zuckererbsen. Die Kneifelerbsen bringen glatte, die Markerbsen runzlige und die Zuckererbsen süße Körner hervor. Die Zuckererbsen hatte ich in meiner Bubenzeit schon bald versucht: ich plünderte die Büsche im elterlichen Garten. Die runden, reifen Kneifelerbsen jagte ich aus meinem Hollerblasrohr in die Luft und gegen die Spatzen; von den runzligen, altertümlichen Markerbsen hörte ich heute zum ersten Mal. Sie waren mir zwar schon immer aufgefallen, aber ich meinte, ihnen hätte zum Wachsen das nötige Wasser gefehlt. Von allen drei Arten pflanzt der Gärtner frühe, mittelfrühe und späte, er vermeidet aber, sie noch im Sommer zu säen, da die Hitze den Gartenerbsen nicht bekömmlich ist, sie fruchten dann nur spärlich und leiden unter Mehltau. Die beste

Erbsenzeit sind die Monate Mai und Juni, da schmekken die grünen Erbsensuppen und die Erbsengerichte am köstlichsten.

Das mußte ich zugeben, und ich betrachtete die Erbsenbüsche daraufhin, ob es noch nicht bald zu pflücken lohne.

„Der abergläubische Ull meint", erzählte Borngart, auf seinen Spaten gestützt, „Erbsen, am hundertsten Tag des Jahres gesät, trügen hundertfältige Frucht. Säe er aber am Markustag, etwa die Primavera oder die Sorte Telephon, die hundertzwanzig Zentimeter hoch wird, bekäme er recht markige Markerbsen. Wie man sät, wird man ernten! Beim Aussäen nimmt er drei Erbsen in den Mund und murmelt:

Mein'n Erbsen und mein'n Bohn
Soll kein Mensch und Vogel was don!"

Sein merkwürdiger Säerspruch hat gewirkt: reich an Blüten und Schoten hängen die hohen Büsche an den gespannten Drahtgittern, die das übliche Reisig ersetzen.

Schon neulich hatte mir Ull Erbsengeschichten erzählt. Reife Erbsen solle man nicht auf den nackten Boden schütten, sie seien die Tränen der Mutter Gottes, die nicht auf die Erde fallen dürften! Und wenn ein Reitersmann auf seinem Weg eine Erbse liegen sähe, müsse er vom Pferd steigen, sie aufzuheben. Jeder Erbse sei ein Kelch eingeprägt, der Abendmahlskelch – der rundliche Nabel des Erbsenkorns, den man als das Bild eines kleinen Kelches deutet.

Ja, und die Unterirdischen äßen nichts lieber als Erbsen, die sie sich nachts aus den Gärten stibitzen. Er habe aber noch keinen überrascht, sooft ihm auch Erbsen an den Büschen gefehlt hätten. Ich fragte ihn, welche Art von Erbse der ‚Prinzessin auf der Erbse' des Dichters Andersen eine schlaflose Nacht bereitet hätte. Sosehr er auch in den Erbsenmärchen bewandert war und Erbsen genug kannte, konnte er mir keine Auskunft geben. Er meinte, ob vielleicht die Zuckererbse Große graue Delikatesse unter dem Berg von Kissen und Matratzen gesteckt habe – so zart und süß sie in der grünen Jugend sei, so hart wäre sie in der Reife, im Alter.

„Meine Gärtnerregel", sagte Borngart, „bewährt sich besser als die meines Gehilfen. Ich richte mich nach dem Stand der Gestirne. Günstig für die Aussaat ist die Stellung des Mondes in den Wasserzeichen des Tierkreises, im Wassermann, in den Fischen, im Krebs. Eine Erfahrung aus alter Zeit! Aufgeklärte Leute lächeln zwar über meine Regel und überlassen sich dem Zufall. Dafür aber sind meine Erbsen besser."

Da es in den letzten Nächten tüchtig gewittert und geregnet hatte, standen die Erbsen üppig.

„Wie das Wasser", führte Borngart weiter aus, während ich Blatt um Blatt am steigenden Stengel emporklimmen ließ, „in besonderem Maße an der Gestaltung der Erbse – wie auch der Bohne – beteiligt ist, so nicht minder auch die Luft. Hohe geistige Schaukraft besaß jener Pflanzenforscher, der die Hülsenfrüchte, zu denen Erbse und Bohne gehören, Schmetterlingsblütler benannte: Schmetterling und Schmetterlingsblüte schwingen sich empor, die Luft ist ihr wahrer Lebensraum. Die Blüte besteht aus entbreiteten ‚Flügeln', der wehenden ‚Fahne', dem schwebenden ‚Schiffchen'. Mit Ranken und Tastfäden fühlert die Pflanze oder drückt auf andere Weise die ihr eingeborene Bewegungslust aus. Ihre Früchte, die Schoten, sind außer mit Kernen mit Luft gefüllt. Die ganze Pflanze ist atmosphärisch durchdrungen. Wie in ihr das Wasser von der Wurzel zur Blüte steigt, so sinkt in ihr die Luft von der Blüte zur Wurzel. In ihren Wurzelknöllchen geht ein geheimnisvolles Luftgeschehen vor. Die Knöllchenbakterien im Boden – Spaltpilze – binden den Stickstoff der Luft an die Erdkrume. Diese Neigungen und Vorgänge, die formenden Wirkungen von Wasser und Luft", meinte er, „machen das Wachsen und Wesen von Bohne und Erbse aus. Lassen Sie meine kleine Lehre gelten, Adventer! Den Sinn des Wassers und der Luft möchte ich auch gern in Ihren Zeichnungen und Aquarellen verspüren – dann haben Sie die wahre Erbsennatur eingefangen."

Ich atmete die Luft, witterte den Dunst der Feuchtigkeit und strengte mich an, meine Zeichnung durchwehen und durchsäften zu lassen. Ich malte die Blätter schwellend, die Stengel röhrig durchscheinend, die Blüten schwebend und genoß dabei mit glücklichem Gefühl die Eintracht der Naturkräfte in der frühlingsheiteren Pflanze.

„Wissen Sie etwas Geschichtliches von der Erbse?" fragte ich den Gärtner, da ich ihm beim Arbeiten noch ein wenig länger zuhören wollte.

„Die wilde Erbse ist schon in vorgeschichtlicher Zeit bekannt gewesen. Unsere Gartenerbse stammt jedoch von der Ackererbse ab. Ihr Lebensweg zur feineren Form liegt im dunkeln. Man darf vermuten, daß sie im nördlichen Italien in Zucht genommen wurde, aber erst die Holländer und Engländer haben sie zu ihrer heutigen Vollkommenheit entwickelt. Die Holländischen Erbsen in der Mitte des siebzehnten Jahrhunderts wurden grün verspeist. In einer französischen Küchengeschichte las ich, reiche Damen schnabulierten diese Erbsen als Leckerei. Diese ersten Zuckererbsen kamen von weit her und waren sehr teuer. Aber schon um 1600 wuchsen in Holland Erbsen, deren zarte, grüne Schoten man samt den Körnern essen konnte. Auch die englischen Gärtner haben einen schätzenswerten Erbsenverstand. Der berühmteste Erbsenzüchter der Welt dürfte der im Jahre 1893 verstorbene Thomas Laxton sein, der dreißig Jahre lang an der Vollendung der Erbse arbeitete. Wir erhielten von ihm zahlreiche Kreuzungen, seine beste ist die Sorte Gradus. Und dann schätze ich noch den Züchter Culverwell, der uns mit der Markerbse Telephon beglückte, die weiteste Verbreitung fand und auch in meinem Garten ihren Platz hat. Doch auch unsere heimischen Gärtner verdienen für die an die Erbse gewandte Mühe und Liebe unseren Dank; sie haben uns vorzügliche Sorten erfunden."

Was für edle Namen nannte er mir doch! Eine Erbse hieß Primavera, es klang so vornehm wie Primadonna; eine andere Emir, ein Titel aus dem fernen Land, wo Borngart einst den Rechen geschwungen und Erbsen gepflanzt hatte. Eine dritte nannte sich pomphaft Wunder von Amerika, doch sie bildet nur einen niedrigen Busch bei großem Korn. Eine vierte aus der Familie der Kneifelerbsen hatte gar den wunderbaren Namen Konservenkönigin, als wenn ihn ein Konservenhersteller erfunden hätte.

Aber die Bienenkönigin in der Wachsburg würde keine ihrer Staub- und Honigsammlerinnen zu dieser Blechkönigin schicken: die in unsern Gärten wachsenden Erbsen erwarten keinen Besuch, sie treiben Selbstbestäubung. Aus der Not haben sie ihre keusche Tugend gemacht. Kein blütenbesuchendes Insekt ist kräftig genug, das sperrige Schiffchen der Schmetterlingsblüte abwärts zu drücken, um sich den Eingang in das stäubende Innere zu erzwingen. Unberührt und unbefahren schwimmen alle die luftigen Schiffchen im Blättermeer.

Dieses Schweben und die beflügelte Bewegung bemühte ich mich in meine Zeichnung niederzuschreiben. In meiner Versunkenheit und meinem Eifer hörte ich kaum noch auf Borngart, und als ich wieder einmal aufblickte, war er nicht mehr da.

Kristalltau

Tags darauf vernebelte der Gärtner mit der Gartenspritze eine klare Flüssigkeit, bei hellem Sonnenschein stäubte er sie über Blätter und Kraut.

„Wieder homöopathisch verdünnter Dünger?“ fragte ich. Er blickte mir freundlich entgegen.

„Kiesellösung!“ sagte er.

Was war das nun wieder? Und wozu diente es?

„Wir wissen bereits“, sagte er, „aus den ersten Stunden in der Garten-Zeichenschule, daß Kiesel die Bildung des Blattgrüns begünstigt.“

Ich erinnerte mich daran.

„Er bindet das Licht an die Pflanzen“, fuhr er fort. „Meine Lösung besteht aus einer geringen Gabe gepulverten Bergkristalls. Wie bekannt, ist dieser Stein kristallisierter, in einer vollkommenen Form gewachsener, lichtdurchlässiger Quarz, Kiesel von geläuterter Beschaffenheit. Seine Lösung, auf die Blätter gespritzt, verstärkt deren Wachslust, als wenn die Pflanze einen Anstoß von der Wachstumskraft des Kristalls empfinge. Er vermehrt aber auch die Wärme- und Lichtwirkungen der Sonne. Mit dem homöopathisch verdünnten Dünger wandte ich mich an die untere Welt, die Erde. Mit der Kiesellösung wende ich mich nun an die oberen Bereiche, den Himmel. Zwischen unten und oben, zwischen Humus und Licht ist die Pflanze heimisch. Den fruchtbaren Humus zu bewahren, das heilsame Licht ihr in Fülle zu spenden ist ein wesentlicher Teil meiner Arbeit."

„Dann sind ja Ihre Gemüse gleichsam Weltallpflanzen, Erd- und Äthergeschöpfe", meinte ich.

„Erfaßt, Sie haben es erfaßt, Adventer!" rief Borngart und gab dem Sellerie einen Schuß der Spritzflüssigkeit. „Der Humus trägt unser Leben, das Licht erhält es. Wo der Humus stirbt, gehen die Wesen zugrunde. Wo das Licht leuchtet, brennt das Blattgrün, das heilige Blut! Auch die Pflanzen wollen am Weltgeist teilhaben, Geistgeschöpfe des Schöpfergeistes wollen sie sein!"

Der ganze Garten wogte von Licht. Die Pflanzen flimmerten und funkelten, helle Strahlen und geheimes Leuchten webten zwischen ihnen und spannen von Blatt zu Blatt, von Kraut zu Kraut ihren Zauberschleier. Tausend Funken blitzten. Ich vermeinte, aus allen Pflanzenseelen einen tiefen, seligen Seufzer des Erdenglücks zu erlauschen; der Pflanzenatem witterte mich inbrünstig an, das grüne Blut erbrauste in den saftigen

Gestalten, sie winkten, wankten und schwankten vor Trunkenheit und Entzücken. Der Äther strömte in ihre Leiber, Glieder und Blätterhände, ich hörte sein mystisches Sausen.

Und mitten in ihre grünen Flammen hinein neigte sich der Alte, der weißhaarige Gartenvater, und bestäubte sie mit dem Kristalltau, dem Wasser seines edlen Bergkristalls, wobei die Sonne ihren Strahlenschein um die Pflanzen und um sein Haupt legte.

Borngart war – ich fühlte es – ein erleuchteter Mann, der sich die Kräfte der Natur zu Hilfe rief. Auf geheimen Pfaden schritt er zu ihr, und die beschworenen Diener kamen ihm entgegen. In Gedanken verglich ich ihn mit Dorines Vater und fand manchen den beiden Männern gemeinsamen Zug, mochte sich auch der Gärtner mehr zur Erde niederbeugen und Herr von Heckenast lieber sein Antlitz zum Himmel erheben: sie beide lenkten ihren Sinn über die grobe Stoffwelt hinaus und suchten naturfromm das Wehen des Geistes zu erlauschen: der eine in seinen Pflanzen, der andere in den Sternen.

Wie nahe und zugleich wie weit aber war der Weg zu ihnen, den vertrauten und schwierigen Pflanzen und den geheimnisvollen Sternen, für mich, den unwissenden Zeichner und Maler vom Amselberg!

Die Bohne

Als ich an der Bohnenzeichnung arbeitete, der lieblichen Erbse ein Gegenstück zu geben, lockerte Ull mit einem dreizinkigen Gerät, dem Grubber, die Erde unter den Büschen.

Das dunkle Haar hing ihm wirr in die Stirn, seine Augen brannten. Er sah verstört aus.

„Was ist mit Ihnen?“ fragte ich.

Er murmelte wie ein Zauberer ein paar unverständliche Worte in die Bohnenblätter. Anscheinend war er schlecht gelaunt, oder die unglückliche Liebe verdarb seine Stimmung.

„Was ist, Ull?“ munterte ich ihn auf. „Es wird kein Geheimnis sein. Sprechen erleichtert!“

Er hätte Sorge, gestand er, große Sorge um Gilge in Würzburg.

„Was für eine Gilge?“

Seine Tante Gilge, die einzige Verwandte, die er besäße. Sie hätte ihn, den Waisenknaben, aufgezogen und später in eine Gärtnerei nach Gochsheim in die Lehre getan. Er hätte ihr auf der Tasche gelegen. Eine gute Seele, ihr Leben sei Mühe und Wohltun gewesen! Nun sei sie sechzig. Aber die Gesundheit tue nicht mehr recht mit. Heute morgen habe er aus Würzburg schlechte Nachrichten erhalten; es sei zu befürchten, daß es mit ihr zu Ende gehe. Wenn er eines Tages nicht da sei, machte er mich aufmerksam, erweise er ihr die letzte Ehre.

Ich versuchte ihm Hoffnung einzuflößen; so mancher Aufgegebene habe sich wieder durchgebissen, warum nicht auch seine Tante Gilge. Gerade im letzten Augenblick entscheide sich oft das Leben zum Dableiben!

Er schüttelte den Kopf und versank in Schweigen.

Da er nicht länger sprechen mochte, unterhielt ich mich mit den Bohnen. Ein paar Feuerbohnen waren zwischen die Stangen geraten. Kaum waren ihre Blütenfunken erglommen, stellten sich auch schon die Bienen ein, sie summend zu umwerben. Nahe bei meinem Ohr spielte ihre Bohnenmusik. Sie sangen ihr ausgelassenes Bohnenlied:

Solang die Bohnen blühen,
Blüht auch die Narretei.

Ihre Narretei wogte auf und nieder, und die Bohnenblüten ließen die geflügelten Freundinnen über die Schwelle, im Gegensatz zu den spröden Erbsenblüten, die den Zugang verweigerten und ihren Nektarbehälter lieber von den Hummeln anbeißen ließen, als ihn freiwillig zu verschenken.

Borngart hatte mir gesagt, auch die Bohnen seien wasserhold, durstige Seelen, Wasser treibe sie in die Höhe. Wenn der Knabe des Märchens seine Bohne zum Mond wachsen sieht, an der er zum goldenen Horn emporklettert, deutet der geheime Sinn an, daß die Bohne mit dem Monde verbunden ist, dem Herrn des Wassers, des Regens und der Wolken. Trockene Sommer, in denen der Mond die Gewässer nicht beunruhigt und erregt, zeitigen schlechte Bohnenernten.

Ull, der jetzt die Sprache wiedergefunden hatte, wußte mir zu sagen, daß der Gärtner die Kletterbohnen in drei Gruppen einteile, in die Schneide-, Brech- und Wachs-Stangenbohnen. Für den Augenblick fesselten mich jedoch nur die Feuertropfen der Türkenbohnen – wahrscheinlich eine kleine zeichnerische Narretei, hervorgelockt durch die zum Übermut stimmende Bohnenblüte; später würde ich auf die schlanken, langen Schotenbüschel nicht verzichten können, wenn mir ein ausgewogenes Bohnenbild von Gesicht und Geltung gelingen sollte.

Bohnengemüse, Bohnensalat und Bohnensuppe seien köstliche Sachen, versicherte Ull. Nicht zu bezweifeln! Doch mache ich mir aus Bohnensuppe nichts, nicht weil sie eine Allerseelenspeise ist, wie Ull wissen wollte. Selbst die in Butter gebähten Semmelschnitten, wie sie meine Mutter in die Bohnensuppe einlegt, machen sie mir nicht angenehmer. Mögen die Saligen, die Erdleute, sie aus ihren Zwergentellerchen löffeln. Sie essen sie gern, und wenn sie meinen Anteil haben wollen, mögen sie nur immer kommen.

Aber was geht mich die Küche der Männer und Frauen unter dem Gras an! Meistens werden die fasten. Wieviel netter ist doch die kleine Geschichte von der Bohnennaht und dem Faden, der dem anspruchsvollen Bohnenesser nicht erwünscht ist: Als die Bohne einst so sehr lachte, daß sie platzte, wurde sie von einem Schneider wieder zugenäht. Der Handwerksmeister nahm einen starken Faden dazu. Der steckt noch heute in der Naht.

Bald wird man diese hübsche Geschichte nicht mehr verstehen, die Gemüsezüchter haben längst fadenlose Bohnen gezüchtet. Auch Borngart hat eine fadenlose eingeführt, die Zarte Kunigunde, eine Bohne zu Ehren seiner verstorbenen Frau, deren Namen sie trägt; sie hat sich immer über die Fäden geärgert.

Außer dieser Zarten Kunigunde haben die beiden Gärtner noch andere fadenlose Sorten gesteckt, man muß das Dickfleischige Goldhorn nennen und den Kraftvollen Mulstopper. Am meisten schätzt Ull jedoch die Bohne Immergrün, sie trägt reich und lange. Mit einer solchen Bohne kann man sich auf dem Markt und bei den Kunden sehen lassen.

Mir hingegen würde die Riesenbohne Schlachtschwert gefallen, als prachtvoller Vorwurf für einen in Bohnen schwelgenden Zeichner. Ihre Schote, behauptete der Gehilfe, wüchse sich, nicht gelogen, zu einem Ding von Viertelmeterlänge aus, eine lächerlich große Bohne, krumm und lang wie Borngarts Türkensäbel. Eine Bohne für Riesen und ihre Mahlzeiten. Ich glaubte sie wie das Schwert des Damokles über meinem Kopf wunderbar schweben zu sehen, während ich meinen Farbkasten aufklappte und ein heiteres Bohnengrün zu mischen begann.

Ull nannte noch andere Sorten; ich vergaß die Namen. Gern hätte ich etwas über die Geschichte der Bohnen erfahren. Eine so getreue Menschenfreundin wie sie wird doch eine Geschichte haben. Nein, davon wisse er nichts, gab er zu verstehen, für ihn beginne die Bohnengeschichte mit jedem Jahr neu – mit der Aussaat. Ich möchte zu gern wissen, was an jener Erzählung Wahres ist, nach der Kolumbus, der Entdecker Amerikas, nach seiner Landung auf der Insel Kuba Bohnenpflanzungen der Indianer vorgefunden hat. Überraschte ihn vielleicht der Anblick einer indianerroten oder einer kubanisch braunen Bohne? War die Bohne am Ende gescheckt oder getüpfelt? Bunte Bohnen liebe ich, sie sind hübsch. Auf meinem Arbeitstisch daheim liegt eine in der Federschale, die ist glänzend schwarz wie Ebenholz. Ull hatte jedoch von diesen amerikanischen Bohnen nie gehört und kannte auch nicht das nette Gesellschaftsspiel ‚Bohnenkönig'. Er ließ sich die Spielregel zweimal sagen, um sie gewissenhaft zu merken: ein Kuchen wird gebacken, in dessen Teig eine reife Bohne getan wurde. Der Kuchen wird aufgeschnitten und verteilt. Wer die Bohne beim Essen findet, ist Bohnenkönig. Er darf sich eine Bohnenkönigin wählen und ihren Kuß auf den Mund empfangen, da er das Glück hatte, die Bohne in den Mund zu bekommen.

Trotz seiner vielen und reichen Bohnenernten hatte Ull es noch nie zum Bohnenkönig gebracht, von solchen Backscherzen und Scherzbäckereien, von diesen Kußspielen und Spielküssen wußte er nichts.

„Wenn ich heirate", sagte er, „wird dieser Kuchen gebacken. Vielleicht werde ich dann auch Bohnenkönig."

„Ein prächtiger Plan", bestätigte ich. „Vergessen Sie ihn nur nicht! Am besten nehmen Sie dazu die Bohne der Sorte Mulstopper."

Er richtete sich auf und nickte. Mit dem Lockern war er fertig. Sein Gesicht glänzte, anscheinend hatte er eine Erleuchtung.

Bohnen müssen drei Tage vor Christi Himmelfahrt gesteckt werden, verriet er mir – und dies mochte sein ureigenstes Geheimnis sein –, dann steigen sie mit Christus in die Höhe!

Er reckte den Arm wie eine Bohnenstange zum Himmel, warf einen Blick auf meine Zeichnung, wo die Ranken hinwirbelten, lachte und ging.

Ich bedachte sein Gleichnis. Er mochte nichts Unrichtiges gesagt haben: die Bohnen waren vom Licht gerufen, sie beeilten sich emporzusteigen, um ihre grünen Seile an den Himmel zu heften.

Der Main

Das von mir geplante Frankenbild Dorines tauchte funkelnd in meiner Vorstellung auf. Es war das immerwährende Liebesgeständnis an sie. Im Dickicht der Gemüsepflanzen überfiel es mich und lähmte mir den Pinselstrich. Blitzartig offenbarte es sein herrliches Licht. Und dann geschah es, daß sich urplötzlich eine ausgreifende Bohnenranke in den hinschweifenden Mainfluß verwandelte und aus Blättern sich eine mainfränkische Traumstadt erhob. Aus der Gartenerde sproßten mit einem Male Türme und Kuppeln, nicht größer als die Schalotten der Zwiebeln oder die Kugeln des Kohlrabis. Aus einem ungewöhnlichen Stoff gaukelten mir die heimatlichen Bilder hervor. Und auch Dorine war dabei. Ihr Glanzauge lugte durch den Erbsenschleier. All diese Gesichte umschwebten mich lockend und drängten mich, sie zu zeichnen und zu malen.

Ich legte aber Zeichenblock, Bleistift und Farbkasten beiseite und ging mit Dorine aus dem Garten hinaus auf den Amselberg. In der Nacht war, als sie sich mit ihrem Vater in der Sternenstube befand, eine große Sternschnuppe über dem Amselberg niedergegangen – oder war es gar ein Meteor gewesen, da der Feuertropfen ein grünliches Licht ausgesandt hatte? Sie hoffte ihn im Geröll zu finden.

Die Amseln besangen den Morgen, dessen blitzende Stirn sich hinter den Hügeln und Waldpolstern erhob. Ein reiner, klarer Geist durchdrang alles. Die Züge der Erde leuchteten jugendlich und unschuldig. Im Osten quollen ruhige, weiße Juniwolken in die Morgenbläue.

Dorine strebte einem hohen wilden Birnbaum entgegen, bei dem ihrer Meinung nach der Feuerstrich in der Nacht niedergefahren sei. Es wäre denkbar, sagte sie, daß eine so starke Lichterscheinung eine Sengspur irgendwo im Gras, an den Bäumen oder auf den Steinen zurückgelassen hätte.

„Als einen himmlischen Nachtgruß für Dorine!" meinte ich scherzend.

Sie ließ die Blicke aufmerksam über den Grasboden gehen, um Schwärzliches, Fremdartiges zu entdecken, ein glitzerndes Siegel der Sternenwelt; sie beschaute die Bäume und prüfte die umherliegenden Felsblöcke, ob sich nicht das märchenhafte Zeichen erkennen lasse, und erzählte, daß der Feuerstrich gleich einem Lichtspeer in den Amselberg gefahren sei. Genau habe sie beobachtet, wie er über den Main herüberflog, nahe beim Birnbaum sprühend aufsprang und erlosch.

Aber der große, alte Birnbaum auf dem Scheitel des Hügels war unberührt vom Kuß des Weltalls geblieben. Nirgends ein verbranntes Blatt, kein versengter Wipfel, kein Stich in der rissigen Rinde. Der Baum hatte keinen Feueranhauch gespürt, er hatte wohl geschlafen.

Als alles Suchen und Forschen nach dem himmlischen Mal vergeblich war, setzten wir uns unter den Baum und blickten in die Tiefe. Dort unten lag mein kleines Dorf, gegrüßt vom Glanz des Morgens. Tausend Strahlenspeere zitterten über den Dächern und umpfeilten den Turm der Kirche und den Dachreiter des Gemeindehauses. Der Brunnenstrahl blinkte wie ein Strang von Silber. Lichtdurchschwemmt schnitt die Straße durch den Ort, am Markt stand mein Elternhaus; das Giebelfenster, hinter dem mein Arbeitszimmer lag, schimmerte. Die schöne Zeichnung des Fachwerks hob sich kräftig vom Anstrich der Vorderwand ab.

„Ihr seid Sternenwanderer, du und dein Vater", sagte ich zu Dorine, „und empfangt aus dem Weltall Grüße. Ich freue mich an dem Licht in der Gassenrinne vor meiner Haustür. Überall sind strahlende Offenbarungen zu finden."

„Ja, du kannst dich sogar in Bohnenstangen und Kohlrabi verlieben!" versetzte sie.

„Und in den Main", fügte ich hinzu. „Er ist mindestens so schön wie deine Sternschnuppen."

„Versetz ihn nur nicht in den Himmel."

„Oh, er hat sogar eine deutliche Beziehung zu ihm. Von allen großen deutschen Flüssen ist er der einzige, der den Weg der Sonne geht, genau von Osten nach Westen."

Ihr sei diese Eigenart, erwiderte sie, noch nie bewußt geworden, wiewohl sie als Nixe Sinn mit dem Flößer Lichtenfels auf dem Main gefahren sei. Da sehe man wieder, was einem Maler nicht alles auffalle. Er betrachte die Welt mit schärferen Augen als die übrige Menschheit.

„Wir ergründen den Fluß der Linien", sagte ich.

Aber auch sie wisse, ohne zu zeichnen und zu malen, wie schön der Main sei, versetzte sie.

Sie kenne den Main viel besser als ich, gab ich zur Antwort, sei sie doch eine Mainnixe mit blauen Augen, blondem Haar, schlanken Gliedern, meisterhaft zum Schwimmen geeignet, und mit einem Mund, der nach Nixenart verwunschen lächeln könne.

Sie lächelte.

„Erzähl von unserm Main!“ bat sie.

In ihren Blicken glänzte die Bläue sommerlich gesättigt und gereift. Der Wind floß über sie hin und zeichnete ihre Gestalt und die flüssigen Falten ihres Kleides. Behaglich ließ sie sich auf die Erde zurücksinken und blickte in den Wipfel, durch den die Lichtspeere des Himmels stäubten. Und ich erzählte vom Main. Prächtig rauschte durch mein Herz das fränkische Flußbild, und ich sagte:

„Zwischen Wald und Wald, zwischen dem Fichtelgebirge, seinem Ursprung, und dem Spessart, seinem grünen Ausgangstor aus Franken, zieht der Main mitten durch das Land, in das er seine zackige, aus Drei- und Vierecken bestehende Flußschrift zeichnet. Er umarmt Höhen und Wälder, durchwindet Gaue, zerschneidet langmütig Erden, Urgesteine, Jurastufen, Kalkplatten und Sandsteinschichten. Wenn auch ein männlicher Fluß, so doch ein Gewässer der Umschweife, lieblicher Versäumnisse, ein Fluß der Träumereien und stiller, oft feierlicher Wanderschaft. Meist spielt er gelassen und heiter und zieht ohne überstürzte Eile, sobald er erst aus dem jugendlichen Sturm und Drang seines fichtenumdunkelten Berglebens herausgesprungen ist und das offene Land erreicht hat. Es scheint, als wenn er gern verweile und zögere, aus den Landschaften wegzuwandern, ohne jedoch dabei seine

Kraft zu vertun. Stets bleibt er gesammelt – mag er zögern und fließen, spielen oder arbeiten."

Ich schaute zu ihm hinunter, er grüßte mit Wellenglanz und wehendem Schilf.

„Weiter!" rief Dorine.

Und ich fuhr fort.

„Seine Welle benetzt die schönsten Fluren und Täler, bespült den Fuß reicher Dörfer, den Sockel alter und kostbarer Städte. Hohe Schlösser, glanzvolle Kirchen und zerfallene Burgen spiegeln sich in seinem Wasser. Weinlaub und Kornähre neigen sich ihm zu. Die Farbe seiner Welle ist erdfarben, bäuerisch, dunkelgraugrün – er ist durch Ackerland geflossen, hat Lehm und Löß gelöst, mit Kalk sich gesättigt und vielerlei anderes Gestein abgetragen. Auch haben ihn vor manchen Städten die Abwässer der Fabrikanlagen ge- und betrübt. Hart und streng war seine Jugend im Waldland seiner Quellen, schwärmerisch und landverliebt seine Jünglingszeit im Maindreieck, reif geworden im Mannesalter, zieht er dem Rheinstrom zu. Nun hat er Größe und Wirkung erlangt. Seine Einmündung bei Mainz zwingt den alten Strom, die ursprüngliche Süd-Nord-Richtung aufzugeben und für eine Weile nach Westen abzubiegen."

Dorine spendete mir fröhlichen Beifall.

„Deine Schilderung ist klar und schön", rief sie aus. „Du kennst und verstehst den Main. Ich werde es ihm sagen. Er wird sich freuen und dir ein paar Pfund Barsche stiften!"

„Wenn es so ist", meinte ich, „soll es mir nicht auf ein paar Worte mehr ankommen."

„Erzähl mir von seinen Nebenflüssen!"

Ich besann mich einen Augenblick und fuhr fort: „Nur einige wenige Seitenäste sind dem Main gewachsen, doch nimmt er unterwegs eine Vielzahl kleiner und kleinster Äderchen auf, Flüßchen, Bäche und Rinnsale, denen er, der mit Schleifen und Bogen umherschweift, keine Zeit läßt, sich zu kräftigen Zuflüssen zu vereinen. Er selbst entsteht im Fichtelgebirge aus zwei Ursprüngen, dem Weißen und dem Roten Main. Dem kindlichen Fluß schickt der Frankenwald als Angebinde die Rodach – auf ihrer Welle stellen die oberfränkischen Flößer ihre Floßböden zusammen, von dort, Dorine, kam dein wilder Lichtenfels! Tiefer landein trifft der Bote des Thüringer Waldes, die Itz, den Main. Die Senke dieses Waldflusses setzt sich mainüber bei Bamberg in die Furche der von Nürnberg hereilenden Regnitz fort, deren Morgengabe dem jungen Fluß zum Vorteil gereicht: er ist nun schiffbar. Und so tritt er über die Schwelle seiner Jugend, um größeren Lebensraum zu beanspruchen. Am untern Schenkel des Maindreiecks, in unserer Nähe, liebe Zuhörerin, kommt zu ihm das Flüßchen Wern, und am Knie bei Gemünden erreicht ihn die Fränkische Saale, zu der sich kurz zuvor noch die liebliche Sinn aus dem grünen Sinngrund gesellte. Die Fränkische Saale überbringt ihm das Wasser der Rhön. In Wertheim huldigt ihm die zu seiner Linken aus dem weinbegrenzten Taubergrund vom schönen Rothenburg herwandernde Tauber, eine seiner Lieblingstöchter, bei Hanau erreicht ihn die Nidda aus dem Waldnest des Vogelsbergs, und aus dem roten Buntsandstein tritt die lustige Kinzig, dem Main bei Frankfurt ihren kühlen Wegtrunk zu spenden."

„Fein, Adventer!" lobte Dorine. „Hübsch hast du

das alles gesagt; bist ein echter Franke mit Freude am schönen Wort und Bild und blickst aus deinem Giebelfensterchen da unten über unsere ganze Heimat bis in die Ferne und Weite ..."

„Wie du aus deiner Sternenstube. Du schaust sogar in die Sternenwelt. Das ist der weiteste Flug, den ein Franke nehmen kann. Der alte fränkische Astronom Regiomontanus, der Müller hieß und aus dem fränkischen Königsberg stammte, hat es dir vorgemacht."

„Und was sagst du zu den Leuten am Main?" fragte sie und richtete sich wieder auf.

Ich blickte über ihre Schulter und sah, wie ihr Gesicht über dem Wasserblitz des Tales schwebte; scheinbar floß der Main an ihrer Brust vorüber, silberig zukkend, schuppig und verliebt.

„Zu den Leuten am Main?" erwiderte ich. „Ich werde durch meine Bilder zu ihnen sagen: Das schönste Frankenmädchen ist Dorine auf dem Amselberg – ich habe sie gezeichnet und gemalt, ich weiß, wie schön sie ist, und ich weiß es doch nicht, ihr Leute, deshalb werde ich sie immer wieder zeichnen und malen müssen – sie ist lockend und geheimnisvoll, heiter und ernst wie ihre Heimat Franken!"

„Nein! Nein!" widersprach sie und lachte mich mit ihren strahlenden Augen und den weiß blinkenden, herrlichen Zähnen an. „Das wirst du den Leuten nicht sagen, das wirst du hübsch bei dir behalten. Ich meine ja auch nicht, was du zu, sondern was du von den Leuten am Main zu sagen weißt!"

„Ah, das ist etwas anderes und doch dasselbe. Ich werde von den Leuten zu den Leuten durch meine Bilder sagen: Das allerschönste Mainmädchen, das in diesem Jahrhundert die Flußfranken hervorgebracht haben, heißt Dorine! Wer die Bilder sieht, wird mir glauben."

„Du bist völlig verdreht!" entgegnete sie. „Von den Leuten weißt du eben nichts. So sag ichs! Die Leute am Main sind fleißig, kunstbegabt, weltoffen, verbindlich und meistens freundlich..."

Ich konnte nicht an mich halten, ich mußte lachen. Das Lob Dorines stimmte so gar nicht mit dem wütenden Schimpfen und Schreien überein, das plötzlich vom Main heraufschallte. Dorine, sich unterbrechend, runzelte die Stirn. Auf dem Main trieb ein Floß; die beiden Flößer waren in Streit geraten und gingen mit den langen Flößerstangen wie Turnierritter zu Fuß aufeinander los. Da tat der Main einen plötzlichen listigen Ruck, und der Hauptschreier, der wahrscheinlich aus dem Bierfäßchen vor der Bretterbude des Floßes zu eifrig gezapft hatte, wurde von dem Stoß auf den Floßboden längelang hingeschleudert. Die Beine in die Luft gereckt, die Flößerstange quer über den Leib, tat er einen kräftigen Flößerfluch. „Feuerdunnerkeil!" schallte es über das Wasser. Der andere aber hatte wild lachend seine Stange in den Flußgrund gerammt und sich mit aller Kraft gegen den Zug des Floßes gestemmt, sich an der Stange in die Höhe geschwungen, um das schwimmende Holz vom Ufer, dem es sich bedrohlich genähert hatte, abzudrücken. Der andere, die Gefahr trotz seiner Betäubtheit merkend, raffte sich taumelnd auf, packte seine eisengespitzte Stange und stieß sie wütend dem sich windenden Fluß in den Leib, tief bis in den Kiesgrund, und bald baumelte auch er, gehoben vom Schwung, in der Luft. Mit vereinten Kräften gelang es den beiden Streithähnen, die kostbare Fracht wieder in die Strommitte zu lenken. So fuhren sie am Amselberg vorbei.

Es war ein kraftvolles Schauspiel. Ich wollte durch die gehöhlten Hände hinunterrufen:

Holupp, ihr Leut, zieht ein die Häls,
Es kommt der Flößer Lichtenfels!

brachte es aber nur zu einem verunglückten: „Holupp!", weil mich Dorine unterbrach. Nicht der Flößer Lichtenfels war gekommen, sondern Jute. Sie stand vor der Gartenmauer und trompetete nach allen Seiten: „Do-rine! Do-rine!"

Und Dorine antwortete singend: „Do-re-mi-fa-sol-la-si-do-rine!"

„Kommen!" rief es herüber.

„Ich muß zurück, Vater braucht mich", sagte Dorine und sprang auf. Ehe sie aber ging, sagte sie noch: „Der Flößer ist ein Waldmensch aus Waldfranken. Ich aber meinte den Weinfranken unserer engeren Heimat. Und nun auf Wiedersehen, Herr Malersmann!"

Windgeschwind enteilte sie.

„Auf Wiedersehen, du Weinmainmädchen!" rief ich ihr nach und fühlte mich lieblich berauscht.

Mein Frankenbild aber besaß ich in meinem Herzen nun tagklar, traubenumblitzt und mainbespiegelt.

Blumenkohl

Ich begab mich sogleich nach Hause in meine Malstube und zeichnete aus der Erinnerung und dem Gedächtnis meines Herzens Dorines Frankenbild. Ich machte beinahe ein Dutzend Entwürfe, keiner sagte mir zu – mutlos warf ich nach Tisch den Bleistift hin und ging zu Borngart. Ich wollte Dorines Bild vergessen, um es später leuchtender wiederzufinden. Der heutige Tag war mir nicht günstig zur Arbeit. Für den Künstler mag der Satz richtig sein: Was du heute nicht tun kannst, verschiebe ruhig auf morgen!

Der Blumenkohl, den Borngart erntete, war weiß wie geballte Sahne in einer Blätterschüssel. Der Anblick weckte meine eingeschlafene Zeichenlust wieder. Ich holte aus dem Theater Zeichenblock und Stifte und machte mich an die Arbeit.

„Der Blumenkohl", plauderte Borngart, „leidet an Herzverfettung. Doch ist dieses Fett vom Gärtner gewollt und herangezüchtet, es ist die köstlichste Eigenschaft der beliebten Gemüsepflanze, unserer feinsten Kohlart. Ich bin ein begeisterter Freund der weißen Blume."

Ich hörte, daß sie, aus den oberen Blättern und den Blütenständen zu einem krümeligen, weißen oder weißgelben Mark umgeschaffen, durch gut vorbereiteten, tief gelockerten, reichlich gedüngten und eifrig bewässerten Boden sorgfältig gemästet wird. Zeigt sich die weiße Scheibe, bindet Borngart den Büschel der langgestielten Kohlblätter darüber oder knickt drei von ihnen, sie kreuzweise übereinanderlegend, um durch diesen Kniff dem köstlichen Pflanzenstoff einen Sonnenschirm zu geben: das Licht würde dem Kern seine Zartheit rauben und das Fleisch grob werden lassen. Ist die barocke Blume herangereift und angeschwollen, streift der Züchter die Blatthülle ab – nackt, blendend weiß, wahrhaft schaumgeboren ruht das Blumenherz im Kranz der harten grünen Blätter. Es ist fest, dicht geschlossen, von makelloser, unschuldsvoller Frische, weiß und hart wie ein geschälter Nußkern. Der Gärtner betrachtet es mit Freude und die Köchin mit Wohlgefallen.

„Wie kommt es nur", fragte ich, „daß sich aus einer ursprünglich kleinen, wilden Blumenanlage eine so überwuchernd große entwickelt, die im eigenen Speck zu ersticken scheint?"

„Der Kohl ist ein schlichter Kreuzblütler. Seine Ahnen sind einfache Naturen. Aber gerade das Einfache und Schlichte ist oft zu großen Aufgaben und Leistungen ausersehen. Es verfügt über gewaltige Lebenskräfte. Die unerschöpflichen Eigenschaften der Kreuzblütler nennen sich Samenbereitung und Wuchskraft. Sie schütten Massen von Samenkörnern aus, wie zum Beispiel der Senf, sie treiben mächtige Wurzeln wie der Rettich und die Runkelrübe, sie verdicken ihre Blattstiele wie der Kohlrabi, sie verwuchern die Blume wie der Blumenkohl, und sie verfetten ihre Knospe wie der Krautkopf. So alltäglich der Kohl ist – so daß sein Name sogar zur Bezeichnung inhaltlosen Geschwätzes herhalten muß –, so besitzt er doch die wunderbare Gabe der Wandlung; und da er sich wandeln kann, ist ihm die Gartenzukunft sicher. Er wird wohl niemals aussterben. Wohin kämen wir auch ohne Kohl! Wir hätten keine Blumenkohlsuppe, kein Gemüse von Blumenkohl, keinen Blumenkohlsalat, keinen pikanten Blumenkohl in Essig. Wo bliebe das butterweiche erste Frühlingsgemüse von Kohlrabi, wo das Wintergemüse von Rosenkohl? Wir hätten nicht Sauerkraut, nicht Wirsing und Blaukraut, nicht Grün- und Braunkohl. Mit einem Wort: wir wären arme Schlucker! Diese Lebensbegleiter aus der Familie Kohl sind zweifellos würdige Gaben. Sie gehören zum Küchenschatz des Lebens."

Eine solche Pflanze verdient unsere Dankbarkeit. Wie konnte ich sie besser als durch meine Zeichnung ausdrücken! Ich gab den Blättern Kraft und Schwung, dem Blumenherzen Wölbung, Weiße und Fülle, so daß jeder, der das Blatt künftig ansehen würde, ein heftiges Verlangen nach gedämpftem Blumenkohl verspüren müßte.

„Ihr Blumenkohl", rief Borngart, sich über meine Zeichnung neigend, „ist ja noch schöner als meiner. Sagen Sie, wie heißt diese neue Sorte?"

Ich blickte zu ihm auf, in seinen Augen blitzte es schalkhaft.

„Es ist eine Veredelung Ihrer Blumenkohlart", erwiderte ich, „ich gedenke ihn Amselberger Schneekönig zu nennen."

„Damit werden Sie erfolgreich sein, Adventer. Ich habe mit meinen Augen nie einen feineren Blumenkohl genossen. An dieser Zucht ist mein guter Gartenboden wesentlich beteiligt."

„Und Ihre bewährte Düngekunst!" setzte ich hinzu.

„Wie auch Ihre Beimischung von Bleistift!"

Er lachte, daß es durch den Garten schallte und Ull

sich aus den Tomatenbeeten wie eine dunkle Vogelscheuche neugierig aufrichtete.

Als er aber aus Borngarts Mund die Worte ‚Geschichte des Blumenkohls' vernahm, verschwand er wieder in der Versenkung.

„Die Geschichte des Blumenkohls", sagte der Gärtner, „ist recht fesselnd. Man bedenke das Genie des unbekannten Züchters, der einer wilden, einfachen Kohlpflanze die traumhafte, elfenweiße Blume erfand. Wie hat er das nur gemacht? Niemand weiß es. Er hat sein Geheimnis mit ins Grab genommen. Aber seine Blume preist ihn durch alle Mahlzeiten bis zum Jüngsten Gericht. Wahrscheinlich ist die Levante die Heimat des gescheiten Mannes. Man nennt die Insel Zypern als das Ursprungsland dieses feinen Gemüses, deshalb heißt es auch Zypernkohl. In vergangenen Jahrhunderten haben die Gärtner von dort her den Blumenkohlsamen bezogen, aber auch von der Insel Malta. Später wurde es Brauch, ihn in Holland und England zu kaufen, und in der Tat haben sich die beiden Völker auf die Zucht von Blumenkohl ganz ausgezeichnet verstanden. Heute braucht man deswegen nicht mehr ins Ausland zu schreiben. Jeder Gärtner zieht Samenkörner. Ist aber der Zypern- und Pompejanische Kohl dasselbe wie unser Blumenkohl? Zum ersten Mal wurde die Pflanze von einem flämischen Botaniker in der Mitte des sechzehnten Jahrhunderts abgebildet; er bemerkte dazu, der Blumenkohl reife in keinem andern Land als in Zypern und sei gegen Kälte überaus empfindlich."

Er machte eine kleine Pause, legte die geernteten Pflanzen in den Tragkorb, und ich setzte zu einem neuen, kühnen Blumenkohlblatt an.

„Zur Zeit des flämischen Pflanzenkenners", fuhr Borngart fort, „war der Blumenkohl in Europa selten. In der Neuen Welt aber, auf der Insel Haiti, verspeiste man ihn bereits im Jahre 1565. In England hingegen war er anfangs des siebzehnten Jahrhunderts noch wenig bekannt. Damals wurde er auch in Deutschland wissenschaftlich erwähnt. 1660 verfielen die Erfurter Gärtnersleute als erste in unserm Land darauf, ihn zu züchten, und sie haben den Ruhm, etwas davon verstanden zu haben und noch zu verstehen: Aus dem Blumenkohl Erfurter Neuheit 1856 wurde der weltbekannte frühzeitige Erfurter Zwerg. Ihm reihen sich die großblumige Art Vier Jahreszeiten und der Spätling Allerheiligen an, der uns noch im November erfreut. Erfurt ist für Deutschland die große Blumenkohlstadt geblieben. In Erfurt wurde auch zuerst Blumenkohlsamen gezüchtet; und der Gärtner, der das unternahm, hieß Reichart."

„Hat man ihm zu Ehren einem Blumenkohl seinen Namen gegeben?"

Borngart verneinte.

„Das verzeihe ich den Erfurtern nicht!"

„Für uns Gemüsegärtner", entgegnete er, „ist das Behagen und die Geschmacksfreude des Essers unser bester Nachruhm. Namenlos haben wir teil am Wohlergehen der Menschheit. Unsere Glorie ist der Schatten eines Gemüseblattes auf der Stirn, wenn wir uns im Schweiß unseres Angesichts zu unseren Pflanzen niederbeugen."

Und er bückte sich zu seinem Blumenkohl, wobei ihm der Schatten des wortlosen Ruhmes die schöne, breite Stirn überdunkelte.

Gartenstreit

Der Morgen war regnerisch, auf die Erbsen- und Salatblätter rieselten die Tropfen. Der Garten lag feucht und wasserdunstig, vom Amselberg flossen die Strähnen, und der Main zog kummervoll und schwerfällig landein und landaus.

Da es mit dem Zeichnen im Garten nichts war, nahm ich Unterschlupf im Theatersaal der Orangerie. Mein Frankenbild machte Fortschritte. Als der Stift stumpf geworden war, fügte ich eine kurze Arbeitspause ein, um ein Stück Brot mit einer Karotte zu verzehren. Dabei blickte ich aus dem kleinen Fensterchen in den triefenden Garten. Der Regen ist mir lieb, sein Rauschen bewegt mich. Gern lausche ich der Zwiesprache der Blätter, wenn die Tropfen durch ihr Dickicht rascheln. Vogelgleich schütteln die Wipfel ihr Zweiggefieder und lassen die dicken Wasserkugeln auf den alten Filzhut des Gärtners niederkollern. Mit der ausgebleichten Windjacke und der aufgekrempelten grüngrauen Hose bekleidet, stapft er an der Mauer entlang, wo am Spalier Pfirsiche und Äpfel sich runden, und er tritt auf die schmalen Pfade zwischen den Beeten.

Jute kam unter dem aufgespannten Regenschirm in den Garten, die heutige Küchenabgabe in Empfang zu nehmen. Sie forderte von Borngart junge Erbsen und Karotten. Da er Erbsen bereits in aller Frühe gepflückt hatte, konnte er ihren Wunsch danach sogleich erfüllen. Der Karotten wegen mußte sie jedoch warten, bis er diese aus der Erde gezogen hatte. Er kauerte sich bei seinem Beet nieder, und sie blieb auf dem Gartenweg stehen. Zwischen ihr und ihm entwickelte sich alsbald ein schnurriges Gespräch: der übliche Gemüsestreit begann – selbst bei Regen – wie ein kleines, spitzes Flämmchen aufzuzucken.

„Karotten sind etwas Feines!" sagte er.

„Nun ja", brummelte Jute, die an dieser Feststellung nichts Besonderes zu finden schien.

„Die beste Art der Zubereitung", sagte er spitzbübisch, „ist die mit Wasser. Wer wird auch Karotten in Butter oder Öl schmoren! Tüchtig Wasser in den Topf, das fleckt und gibt aus. Ordentlich Salz hineingepfeffert, und die Karotten rein ins Vollbad!"

Jute neigte, Zustimmung ausdrückend, den Regenschirm.

„Gründlich kochen ..."

„Bis sie gar sind!" setzte sie hinzu.

Ihr kurzes, helles Lachen schallte durch den Regenflor.

„Das Kochwasser wird weggeschüttet", sagte er.

„Sollte man es vielleicht auf Flaschen ziehn?" meinte sie schnippisch.

„Manche gießen es nicht ab", fuhr er fort, „und richten das Gemüse darin an."

„Sie hätten Koch werden sollen!" versetzte Jute.

„Mit dem neuzeitlichen Handelsdünger wird den Pflanzen zuviel Kali verabreicht – und damit auch dem Esser. Das verursacht gesundheitliche Störungen. Vermutlich hängt die auffallende Zunahme der Thrombose damit zusammen, sagte mir kürzlich ein Arzt, den ich mit Gemüse beliefere. Darum – Kochwasser wegschütten, rat ich!"

„Unsinn! Sie wollen mich nur verulken", entgegnete

Jute. „Das Kochwasser von Ihren Gemüsen ist einwandfrei; weiß man doch, wie bei Ihnen gedüngt wird. Ich laß mir keinen blauen Dunst vormachen, Ull hat mir alles erklärt. Ihr Gemüse ist ausgezeichnet. Sie aber… Na!"

Sie zuckte mit den Achseln und schwenkte den Schirm ungeduldig hin und her, indes Borngart die Rübchen aus dem nassen Erdreich rupfte, sie abschüttelte und in den Korb legte.

„Die Karotten sind recht schmutzig", tadelte sie.

„Gartenerde ist kein Schmutz", verwies er sie. „Überdies regnet es, Sie müssen sie abwaschen."

Die Köchin gab keine Antwort.

„Sodann", kam Borngart auf seine Kochanweisung zurück, „wird von Mehl eine Art Buchbinderkleister angemacht, eine Mehlschwitze, die man über die Karotten gießt. Unter Umrühren auf dem Feuer…"

Jute geriet in Zorn. Sie stampfte auf, daß die Nässe spritzte, und fuhr den Gärtner an. „Sie Topfgucker!" rief sie aus.

Borngart ließ sich jedoch nicht aus der Fassung bringen und schloß mit dem Zusatz: „… entsteht ein altbekannter Schlangenfraß!"

Ihre Linke fuchtelte ihm vor der Nase, das schwarze Dach wackelte. „Lassen Sie mich doch endlich mit Ihrer Küchen-Schulmeisterei in Ruhe, Sie ewiger Gemüsepastor! Wissen Sie denn überhaupt, wie ein gegrillter Gikkel schmeckt?"

Borngart lachte aus vollem Hals, Jutes Miene schien ihn äußerst zu belustigen. Gewiß glühte sie wie eine Päonie.

„Ich ahne es nicht!" entgegnete er. „Wenn Sie mich

zu Ihrer Hochzeit einladen, werde ich einen Gickel nicht verschmähen, sofern die Gemüsebeilage nach meinem Geschmack ist."

„Schöne Grundsätze haben Sie! Ich meinte immer, Sie äßen kein Fleisch!" versetzte sie scharf.

„Wenn Sie heiraten", entgegnete er wohlwollend, „sündige ich gern gegen meinen Grundsatz."

„Zum Lachen! Ich heirate nie!"

„Zur alten Jungfer sind Sie zu schade", erwiderte er, „warten wir es ab!"

Zornig riß Jute den Korb an sich und ging weg. Borngart, der mich längst bemerkt hatte, warf mir einen spitzbübisch-vergnügten Blick zu. Seine erdige Hand vollführte eine unbestimmte Geste, die wohl besagen sollte: Sie versteht aber auch nicht ein Fünkchen Spaß!

Ich sah ihr nach, wie sie empört hinschaukelte. Von Dorine wußte ich, daß ihre Kochkunst besser war als ihr Küchenruf. In keiner Weise sollte sie zu den liederlichen, verschludernden Köchinnen gehören, die Borngart verachtete. Sie hatte ihm aber, teils aus Jux, teils aus Gereiztheit, so oft widersprochen, daß er von ihrer Kocherei nichts hielt und in ihr das Urbild aller minderwertigen Köchinnen sah. Nur ungern händigte er ihr die tägliche Küchenabgabe aus, wozu ihn der Pachtvertrag verpflichtete: er sah seine feinen, edeln Pflanzen einer groben Zubereitung ausgeliefert. Während ich noch darüber nachdachte, wie dieser Gartenstreit endlich beizulegen sei und wie der eine lernen könne, den Wert des anderen zu erkennen, mäßigte Jute bei den Erbsen ihren stürmischen Schritt. Suchend blickte sie nach rechts und links. Bei den Gurken endlich blieb sie unschlüssig stehen. Nach kurzer Überlegung kehrte sie um und ging wieder zu Borngart.

„Ist es zu wenig?" fragte er, in der Annahme, die ihr übergebene Gemüsemenge reiche nicht aus.

„Viel zuviel ist es, verstehen Sie!" gab sie ihm zur Antwort. „Sie können sich ihre ärgerlichen Worte sparen. Sagen Sie mir lieber, wo Ull ist!"

Ull war nicht im Garten, fiel mir auf. Ich hatte ihn heute auch noch nicht gesehen.

„Nicht da!" erwiderte Borngart, nun wortkarg.

„Das merke ich!" versetzte sie spitz.

„Der eine geht, der andere bleibt!"

„Sprechen Sie nicht in Rätseln!" rief sie aus. „Was heißt das? Ich möchte wissen, wo er steckt."

„In seinem guten Anzug steckt er. Er ist fort."

„Warum ist er fort?"

„Weil er Kummer hat."

Ich verstand: er war nach Würzburg zu Gilges Begräbnis gefahren. Jute aber konnte dies nicht wissen und bezog Ulls Fortgehen auf seine Erklärung von neulich und ihre Absage.

„Deswegen mußte er doch nicht fortgehen!" rief sie bestürzt.

„Grund genug!" erwiderte Borngart. „Er ist gegangen." Und nun ging auch er und ließ sie stehen. Langsam wandte sie sich um und setzte sich in Bewegung. Der stärker einsetzende Regen hüllte sie fließend ein, sein Rauschen dröhnte in den Blättern und dröhnte sicherlich auch in ihrem Herzen – ihr Schritt verriet mir, wie hart Borngarts Nachricht sie berührt hatte. Mir war es längst kein Geheimnis, daß sie ihre Zuneigung dem Gehilfen schenkte; lediglich aus Sprödigkeit und

Ziererei hatte sie seinen Antrag zurückgewiesen. Und nun war sie wohl der Meinung, Ull sei in seinem Liebeskummer auf Nimmerwiedersehen auf und davon. Ich hätte sie über diesen Irrtum aufklären können. Es schien mir aber ratsam zu sein, mich nicht in diese Sache zu mischen. Mochte sie nun zappeln und weich werden, bis Ull aus Würzburg auf den Amselberg zurückkäme.

Bilderprobe

Wie sich im wachsenden Garten Pflanze zu Pflanze gesellte, so reihte sich mir Pflanzenbild an -bild. Ich hatte nun schon eine ganze Anzahl beisammen. In Gedanken an meine geplante Bilderausstellung im Herbst bereitete ich mit ihnen eine kleine Probeschau vor und lud Borngart zur Besichtigung ein. Ich war neugierig, seine Meinung darüber zu hören. Die Tafeln standen auf der Bühne des Theaters.

„Ich verstehe nichts von der Malerei, Adventer", sagte er, nachdem er die Bilder eingehend betrachtet hatte. „Die Lehrer auf dem Bamberger Gymnasium, wo ich meine Schuljahre verbrachte, bis ich in die Lehre kam, wußten uns Schülern nichts über die Künste zu sagen – wahrscheinlich waren wir auch noch zu jung dazu, und sie verstanden vielleicht selber nicht viel davon. Aber ich erinnere mich, daß ich mich als Bub immer wieder einmal zum Bamberger Dom hingezogen fühlte, wo ich das Steinbild des Bamberger Reiters betrachtete als etwas unendlich Hehres, Schönes und Ergreifendes. Später besichtigte ich gelegentlich Museen und Bildersammlungen. Damals saß ich aber bereits auf den Bänken der Gartenbau-Lehranstalt. Blumenstücke und Landschaftsbilder konnten mich begeistern, Jagd- und Schlachtenbilder mich hinreißen. Doch ich legte mir keine Rechenschaft darüber ab, weshalb die Bilder derart auf mich wirkten. Ich erfaßte nicht ihre geistigen Kräfte. Auch heute bin ich darin noch nicht weitergekommen; so viel jedoch, Adventer, fühle ich vor Ihren Bildern schon, daß mir das Herz vor Freude lacht. Ich spüre, daß Ihr Blick mit Liebe auf meinen Pflanzen ruhte und daß Sie sie in ihren allerschönsten Augenblicken abgebildet haben. Ich möchte sagen, es seien lauter morgendliche Pflanzen, der Tau ist gerade von ihren Blättern weggedünstet. Sie sehen gut ausgeschlafen aus, frisch und gesund. Ich schmecke ihre heilsamen Kräfte und Säfte. Ihre Tafeln bilden eine schöne Huldigung für meinen fruchtbaren Garten. Selbst in den alten Gartenwerken des griechischen Kaufmanns von Konstantinopel befanden sich, bei meinem Wort, keine feineren und naturgetreueren Abbildungen von Nahrungspflanzen. Ihre Bilder gefallen mir sehr gut, Adventer: Sie haben den Gärtnern wahre Liebesbilder damit geschaffen, und Sie haben sie ihnen buchstäblich aus der Seele gemalt!“

Die ehrlich gemeinten, herzlichen Worte bewegten mich. Durfte man mich auch noch lange nicht Meister nennen, so fühlte ich doch, wie meine Fertigkeit an den Pflanzenbildern gewachsen war. Im genauen Hinsehen und Unterscheiden hatte ich mein Auge geschult und meine Hand zu größerer Sicherheit und Geschmeidigkeit entwickelt.

„Eine Rose", fuhr Borngart fort, „ist für den Maler freilich ein beliebteres Vorbild als ein biederer Salatkopf, und von einem rotfrüchtigen Kirschenzweig mag er sich einen lebhafteren Eindruck auf den Beschauer versprechen als von einem Kohlrabi oder einem Bund Radieschen. Daß Sie sich der so unpoetischen Küchenpflanze angenommen haben, freut mich und zeugt für die Kraft Ihres Auges, das dort noch Schönheit entdeckt, wo die meisten anderen Menschen nichts anderes wahrnehmen als Futter. Sie mißachten das Geringe nicht; so kam es Ihnen entgegen und öffnete sein Inneres und sein Leben. Sie zeichneten und malten die Küchenpflanzen ebenso richtig und wahr, wie Sie es mit einer Rose getan hätten. Das ehrt den Könner! Demnach kommt es für den echten Künstler gar nicht so sehr auf den Stoff an, den er sich erwählt, wie ich immer meinte – seine Hand adelt und verewigt jeden Gegenstand. Dies hab ich heute bei Ihnen gelernt, Adventer. Mir ist ein Licht aufgegangen. Kaum daß ich mich an Ihren Tafeln satt sehen kann; sie sind für mich eine Erquickung. Solche Bilder müßten in den Schulbüchern stehen, und man sollte mit ihnen die Wände in den Gartenbau-Lehranstalten bemalen lassen!"

„Ein guter Einfall", erwiderte ich, „das würde ich mir zutrauen, bekäme ich nur einen solchen Auftrag. Es war schon immer mein Wunsch, die Klassenzimmer einer Landschule mit den heimischen Wiesenblumen auszuschmücken oder die Flure in einem Krankenhaus mit unseren Heilkräutern."

„Da würden die Schüler leichter lernen und die Kranken rascher gesunden", meinte Borngart; „ein prächtiges Heimat- und Naturlob würde Ihnen gelingen! Nun, was nicht ist, kann noch werden. Bleiben Sie beim Werk, malen Sie, was das Zeug hält, was uns in den nächsten Wochen noch im Garten alles zuwachsen wird. Denken Sie an Tomaten und Gurken. Die Frühkartoffeln beginnen zu blühen – eine reizende Blüte! Der Zuckermais wächst wie ein Wald und wird Sie nicht enttäuschen. Das Gartenglück wird von Woche zu Woche vollkommener, die Schätze häufen sich, meine Pflanzen werden fetter und lustiger, und Ihr Bilderkreis rundet sich immer mehr, bis er endlich den Jahreskreis der Nahrungspflanzen aufzeigt wie das Zifferblatt der Uhr die guten Stunden des Lebens!"

„Zupfen Sie ein paar Karotten und Möhren für mich aus", bat ich lebhaft, „ich will sogleich weiterarbeiten!"

„Die hübsche Halblange Nantaiserin erwartet Sie!" sagte er und tappte die krachende Stiege hinunter.

Befriedigt räumte ich die Tafeln weg, schloß meine vertrauliche Bilderausstellung, die nur einen einzigen Besucher gesehen hatte, und ging in den Garten zur schmucken Nantaiser Halblangen, die ich als schön glatt, sanftblütig und süß befinden konnte.

Karotten und Möhren

Die spindelförmige Wurzel der Möhre ist eine Rübe – Gelbe Rübe wird sie in meiner Heimat genannt – und erinnert an das bäuerliche Feld. Woher der Name Möhre kommt, konnte auch der in der Gartenwissenschaft erfahrene Borngart nicht sagen. Auf der Lehranstalt hörte er, das Wort entspränge möglicherweise dem niederdeutschen Wurzelwort mör, gleich mürb. Die krachende Möhre wäre demnach eine mürbe Rübe.

Sie ist kein Fremdling in unserm Land. Ihre Urpflanze wächst in den Fluren wild, aber auch im größten Teil des übrigen Europas auf Wiesen und an Wegen.

„Ihre Geschichte", sagte Borngart am Abend seines Arbeitstages, als wir, die Hände in den Taschen, unter der Tür der Orangerie an den Pfosten lehnten, „ist Menschheitsgeschichte. Schon Griechen und Römer kannten dieses Doldengewächs, die Umbelle. Die Griechen hatten auch schon den Namen Karoton, aus dem das lateinische Carota wurde. Es ist jedoch nicht sicher, ob die Karotte oder die Möhre ursprünglich mehr Genuß- als Heilmittel war. Die Bewohner der Pfahlbauten gebrauchten sie bereits als heilsame Pflanze. Die antiken Völker wußten davon, wiewohl die Möhre im mittleren Europa saftiger gedeiht als in dem sie austrocknenden Süden. Die arabischen Ärzte verordneten, wie mir der griechische Sammler aus den arabischen Werken vorlas, den Möhrensamen gegen Seitenstechen. Albertus Magnus empfiehlt sie in seinen Schriften als Stärkemittel; in der Volksheilkunde wird die Möhre, wie ich von dem mir befreundeten Arzt weiß, bei mancherlei Darmleiden, Erkrankungen der Galle, gegen Eingeweidewürmer und als Linderung bei Geschwüren und Geschwülsten verordnet. In späteren Jahrhunderten aber verfiel sie beinahe völlig dem Vergessen. Vor dem Weltkrieg wurde sie als Gemüse nicht sonderlich geschätzt, vor allem nicht von feinen Leuten. Während des Weltkrieges haben die Ernährungsforscher immer wieder auf die Möhre hingewiesen – bedauerlicherweise wurde sie jedoch zu Rübenmarmelade verkocht, wodurch ihre Vitamine zugrunde gingen. Erst nach dem Weltkrieg kam ihre Stunde. Jetzt fand die Möhre Eingang in die wissenschaftliche Heilweise. Die Kinderkliniken nahmen sie auf. Möhrenmus, Möhrensuppe und Möhrensaft wurden Kleinkinderspeise. Und wirklich bezieht auch eine Kinderheilstätte meine besonders hochwertigen Möhren in größeren Mengen. Gelbe Rüben kann ich nie genug haben. Da schrieb mir kürzlich der leitende Arzt über erfolgreiche Kuren mit meinen Möhren bei magen- und darmkranken Kindern …"

Und er nahm den Brief aus seinem Notizbuch. „Dieser Arzt schreibt: ‚Meist war die Suppe die einzige Nahrung, Medikamente wurden nicht gegeben. Bei akuten Brechdurchfällen wurde die Suppe sofort gereicht, worauf Erbrechen und Durchfall in zwei Tagen schwanden. Bei chronischen Magen-Darm-Störungen gingen die Beschwerden zurück, der Allgemeinzustand besserte sich, und das Gewicht nahm zu.' Das ist doch großartig, nicht wahr? Sehen Sie das der Möhre an? Man hat die Erfahrung gemacht, daß viele Wurzeln heilend auf Magen und Darm einwirken, und es will mir scheinen, als wenn diese Einrichtungen unseres Leibes selber Wurzeln und Wurzelgewebe wären, da sie in der unteren Hälfte des Körpers ihren Platz haben und die Nahrung verarbeiten. Über die Möhren hab ich allerlei gelesen, es wird jetzt häufig in der Gärtnerzeitschrift über Heil- und Preßsäfte geschrieben. Sehen Sie, Adventer, dabei steht die Möhre obenan! Leider wissen es nur die wenigsten Leute. Die gesundende Wirkung auf die erkrankte Leber, auf Galle, Darm, Milz und Magen ist erkannt. Man möchte fast sagen, die Möhre sei die Königin im Gemüsegarten. Sie trägt ein unsichtbares Krönchen, und darin stecken die Edelsteine, die Vitamine A, B und C. Wollen Sie sich die drei Steine, für die Menschheit wertvoller als wirkliche Brillanten, sichern, müssen Sie die Möhre roh essen. Durch das Kochen werden die Vitamine ebenso gewiß zerstört wie der Diamant durchs Feuer. Der frisch ausgepreßte Saft treibt Stein und Wasser. Unser alter Fischer Dürrbein hat sich mit Möhrensaft drei Gallensteine weggebracht. Dinger, wie Hanfkörner groß. Kaum zu glauben, was für Kräfte in einem solchen Gottespflänzchen stecken! Natürlich müssen es auch starke und gesunde Möhren sein; die auf übliche Art gemästeten Rüben spielen sich nur auf, es steckt nichts dahinter. – Woher ich das alles habe, werden Sie meinen. Von dem Kinderarzt, aus Abhandlungen, von dem und jenem. Gelesen habe ich schon immer gern und mich dadurch weitergebracht. Ein aufmerksamer Gärtner muß über seine Gartenmauer hinausgucken können, sonst bleibt er ein armer Erdenwurm. Nur so bringt er sein Tun mit dem wahrhaften Leben in Verbindung. Zwiebeln stecken, Zwiebeln ernten und Zwiebeln verkaufen wäre für den alten Borngart zu simpel!"

Er verstummte für eine Weile. Der Abendwind verwehte und legte sich auf den schwellenden Blättern des Gartens zur Ruhe.

Hinter den Bäumen im Hof erklang Dorines Lachen. Ob sie noch in den Garten kommen wird? Kaum denkbar. Sie wähnte mich wahrscheinlich längst daheim. Nach einigen Augenblicken klang es schon ferner. Die

Stimme ihres Vaters vermischte sich mit ihrer. Sie unternahmen ihren abendlichen Rundgang um die Kuppe des Amselberges, wo der alte wilde Birnbaum stand und auf die Dämmerung wartete.

Mein Frankenbild kam mir jählings in den Sinn. Ich war mit ihm gut vorangekommen, aber soeben durchzuckte mich ein sonderlicher Einfall. Ich wußte mit einemmal, wie ich den Main in das Bild hineinbringen konnte. Widerspenstig hatte er sich geweigert, mir zu Willen zu sein. Nun mußte es mir glücken. Was mochte mich nur so plötzlich darauf gebracht haben? Die Möhre doch wohl nicht, Dorines Lachen ebensowenig. Nicht unmöglich, daß mich der Weinstock in der Orangerie dazu angeregt hatte, denn die Traube sollte in meinem Liebesbild für Dorine auf keinen Fall fehlen.

Der Gärtner aber ließ seinen Gesprächsfaden nicht so bald los. Er kam wieder auf die Möhre zu sprechen. Unter den Persönlichkeiten seines Gartens war sie kraft ihres heilenden und nährenden Reichtums eine besondere Gestalt. Er pflanzte die langen, die mittellangen und die kurzen, rundlichen, die Karotten. Im Mai erntete er die leuchtend rote Maikarotte Erstling, in diesen Frühsommertagen zog er die abgestumpfte Nantaiser Halblange aus dem Boden. Pariser Markt nannte er die kleine, eirunde, köstliche, allerfrüheste Wurzelperle und schmorte sie im Geiste, dämpfte sie mit Butter, vermuste sie zu Suppen, machte sie für den Winterbedarf ein und verspeiste sie roh.

„Wie Buddha", sagte er, „könnte man sie das alte Kind heißen: zweitausend Jahre brauchte sie, bis sie aus ihrer wilden Möhrengestalt zur heutigen Feinheit herangeformt war. Ruhm den Gärtnern, Ehre ihrem Gedächtnis!"

Selbstverständlich hatte Borngart auch die starken, mächtigen Rüben, die viel Fleisch hergeben, damit man im langen Winter von ihnen etwas hat, die achtbaren Roten Riesen und den Roten Winternantaiser, den kraftvollen Bruder der hübschen, ansehnlichen Nantaiserin des Sommers.

„Die Möhre im Winter
Schützt Mann, Weib und Kinder!"

sagte er. „Im fernen Orient wird behauptet, daß Pferde, einen Monat lang mit Möhren gefüttert, das ganze Jahr von Krankheiten verschont bleiben. Lange, große Rüben, ein vorzügliches Mastfutter, möchten unsere Bauern ernten. Und wenn Sie, lieber Adventer, zum Schluß noch eine kleine Schnurre hören wollen", sagte er, „dann diese aus dem Schwarzwald: Ein Händler mit Sämereien reiste einst über den Rhein. Im Schwarzwald, wo er den Möhrensamen zeigte, ließ er ein Korn davon fallen. Als er von einer Reise ins Elsaß in den Waldort zurückkam, war aus dem Samen eine so große, mächtige Möhre gewachsen, daß er mit ihr zwei Ochsen mästen konnte. Und während der Fütterung wuchsen den Ochsen riesige Hörner. Blies man am 11. November, zu Martini, in das Horn, klang der Schall erst am 23. April, zu Georgi, aus dem andern heraus und rühmte so die gewaltige Mastleistung der unübertrefflichen Möhre und Mohrrübe."

Ich schrieb mir die Geschichte in das Gedächtnis und mästete mit gesunden, lebensfrohen Farbsäften meine lustigen Möhren, meine rundlichen Karotten.

Das Hausmittel

Dorine erschien im morgendlichen Garten, der von Vogelklängen erbrauste und von den Düften der Küchenkräuter durchwürzt war. Majoran und Thymian, Bohnenkraut und Salbei verhauchten um die Wette ihre Wohlgerüche. Das Licht zitterte im Wasserfaß und blinkte fett auf den Blättern der Roten Beten.

Ich befand mich gerade am Törchen zum Hof, als Dorine eintrat. Mein Herz schlug ihr entgegen. Sie leuchtete morgenfrisch, eine Rose im Tau konnte nicht jugendlicher strahlen.

„Guten Morgen, schöne Sinn!" begrüßte ich sie, voller Freude, sie endlich wieder zu sehen.

Sie hatte das Küchenkörbchen und trug ein buntes Kattunkleid mit Blumenmustern. Es stand ihr gut, der knappe Schnitt ließ ihre Gestalt vorteilhaft erscheinen.

„Heute koche ich!" verkündete sie.

„Das wird Borngart mit Vergnügen hören. Du kochst doch wohl nach seinen Grundsätzen?"

„Selbstverständlich! Zum fortgeschrittenen Gärtner die fortgeschrittene Köchin! Möhrensuppe, Blumenkohl mit brauner Butter und noch etwas."

„Und was ist mit Jute?"

„Sie ist krank, liegt zu Bett. Sie hat die Heulkrankheit und den Schnupfen. Sie behauptet zu frieren und zu schwitzen, klagt über Kopfweh und Leibschmerzen. Alles täte ihr weh, auch das Herz."

„Auch das Herz? Gib ihr einen kalten Umschlag!" riet ich.

„Rohling! Sie ist so zart“, erwiderte sie; „weißt du denn nichts Besseres?“

„Ein Hausmittel?“ fragte ich und dachte ein wenig nach. „Vielleicht hilft ein Heilkraut aus unserem Garten, auf Lebensdauer zu nehmen, Ull geheißen.“

Ihre schmalen Schultern hüpften vor Lachen.

„Das könnte gut sein!“ erwiderte sie. „Aber wo ist das Mittel? Ich sehe es nicht im Garten. Ist es euch ausgegangen? Oder habt ihr es versteckt, weil es so kostbar ist? Jute jammert, es sei nicht mehr da.“

Ich berichtete ihr, wohin Ull gefahren sei und zu welchem Zweck. Borngart habe Jute absichtlich im unklaren gelassen und geheimnisvolle Andeutungen über Ulls Verschwinden gemacht, worüber sie ziemlich betroffen gewesen sei.

„Mit der Absage meinte sie es ja gar nicht so ernst, wie sie mir gestand“, erwiderte Dorine. „Sie zierte sich nur, wollte sich ein wenig kostbar und schwierig machen. Das mußt du doch verstehen, Adventer; Mädchen sind manchmal so...“

„Ah!“

„Tu nicht so verwundert, das weißt du doch!“

Woher sollte ich das wissen! Ich hatte noch keinen Heiratsantrag gemacht.

„Jetzt ist sie darüber unglücklich“, fuhr Dorine fort, „verschnupft, elend und hat Kopfschmerzen. Mag sie für ihre Sprödigkeit büßen!“

„Sie soll es!“ rief ich.

„Klären wir sie nicht über den wahren Sachverhalt auf! Ull kann es nach seiner Rückkehr selber tun, wenn er will.“

„Ein vernünftiger Vorschlag!“ stimmte ich zu.

„Und eine heilsame Kur!“ gab Borngart dazu. Lächelnd trat er aus der Hecke seiner Kompostlandschaft. „Ich war ungewollt Ohrenzeuge der Unterhaltung. Geben wir der Kranken ein paar Tage Bettruhe, damit sich das Gemütsfieber tüchtig austobe und die Genesung vorbereite. Ull hat nämlich um Nachurlaub gebeten, da er noch einige dringliche Angelegenheiten ordnen muß. Tante Gilge hat ihn zu ihrem Alleinerben eingesetzt! So was verursacht Laufereien.“

„Bravo!“ rief Dorine. „Eine feine Nachricht.“

„Hoch Tante Gilge!“

„Ihr Andenken wird in Ehren gehalten“, versicherte Borngart. „Ich werde ihren Namen meiner neuen Sorte Rosenkohl geben.“

„Ein Verwandlungsstück für unser Theater“, meinte die fröhliche Dorine. „Ull ging als Armer weg und kehrt als Reicher zurück.“

„Und gewinnt obendrein noch einen Schatz“, sagte Borngart.

„So mancher“, wandte ich zweiflerisch ein, „hat schon aus Trotz eine andere genommen. Wenn er nur nicht eine Braut miterbt...“

„Er müßte das Erbe ausschlagen“, meinte Dorine.

„Dann käme ich ja um den mir von Jute versprochenen gegrillten Hochzeitsgickel!“ sagte Borngart.

„Und ich um das ihr zugesagte Brautbild“, bangte ich; „ein Verlust für die Malerei!“

Aber Dorine meinte, das wäre kein Schaden.

Borngart blickte mich verblüfft an, als wenn er frage: ‚Wie war das nun gemeint?‘, und sagte, der Schaden sei noch gar nicht entstanden, und schon sorge Fräulein Dorine für Spott!

Sei erst das Brautbild fertig, entgegnete ich, werde die Braut sicherlich von Dorine beneidet werden, auch wenn es nicht gut ausgefallen sei.

Borngart nickte erheitert, und Dorine knuffte mich in die Seite.

Darauf gingen wir zu den Möhren, zum Blumenkohl und zu den Erdbeeren, der Nachspeise, dann auch zum Gewürzbeet, zu Estragon und Ysop; denn der Blumenkohl sollte mit feinen Kräutern, wie sie Borngart liebte und Dorine schätzte, zubereitet werden. Der Gärtner empfahl aber auch, ein Melissenblättchen mit zu zerschneiden und für Jute über den Blumenkohl zu streuen, denn die Melisse stärke das Herz, besänftige Kopf- und Leibweh und treibe den Trübsinn samt der Schwermut aus den vor Liebeskummer kranken Köchinnen wie zwei leibhaftige Teufel aus.

Die Tomate

Borngart hatte die Tomatenstöcke in Reihen gepflanzt. Am gleichen Ort standen auch im vergangenen Jahr Paradiesäpfel. Die alte, von ihren eigenen Kräften durchwirkte Erde ist der Pflanze zuträglich. Es war ein säuberlicher Hag: die Haupttriebe der kräftigen Stauden waren an einem gewellten Eisenstab emporgezogen und mit einem einzigen Seitentrieb an dem längs laufenden Spanndraht spalierartig befestigt. Aus allen drei wärmenden Himmelsrichtungen empfingen die Stöcke den Sonnenschein.

An den unteren Stockwerken der Pflanze waren bereits die ersten Früchte herangereift und prangten leuchtend rot. Darüber hingen die Büschel der noch grünen, unreifen Tomaten; oben entfaltete sich die zierliche, nickende gelbe Blüte, deren Gestalt der Kartoffelblüte ähnelt.

Ich hatte kaum meinen kleinen Klappstuhl vor dem Tomatenbeet aufgestellt, um mit dem Zeichnen zu beginnen, als auch schon Borngart erschien. Er müsse die Stauden entspitzen, sagte er. Sie sollten nicht zuchtlos steigen, sondern ihre Kräfte und Säfte in die grünen Kugeln der hängenden Fruchtstände, in die reifen, rot schimmernden Äpfel ergießen.

„Ich schleppe noch immer die Gartenbauschule mit mir", meinte er, sich selber bekrittelnd, „deswegen kann ich es auch nicht unterlassen, vorzutragen und zu predigen. Ich rede gern, Adventer, und Sie haben geduldige Ohren. Ihre Kunst des Zuhörens schätze ich nicht weniger als die des Zeichnens."

„Reden Sie nur, erzählen Sie mir etwas, plaudern Sie von der Tomate!" sagte ich zu ihm. „Sie sind mitteilsam, aber nicht geschwätzig. Von Ihnen erfährt man stets Neues, Wertvolles. Die Geschichte der Tomate hat gewiß einen exotischen Zug, den merkt man schon der Pflanze an. Wie ist es damit?"

„Wie die Kartoffel", begann er, „ist auch die Tomate, der Paradiesapfel oder Liebesapfel, Poma amoris, ein Geschenk der Neuen Welt an die Alte. Beide entstammen dem merkwürdigen Geschlecht der Nachtschattengewächse, an denen der amerikanische Erdteil besonders reich ist. Diese Pflanzen sind von mächtigen Kräften, leidenschaftlichen Trieben, scharfen Stoffen, betäubenden oder auch giftigen Säften erfüllt. Sie sind Naturpersönlichkeiten von ausgeprägtem Wesen und oft seltsamem Ausdruck. Zu ihnen gehören – außer Kartoffel und Tomate, die einander so nahestehen, daß man die Tomate der Kartoffel aufpropfen kann – die köstliche Aubergine, der scharfe Pfeffer, der würzige Kapernstrauch, die gefährliche Tollkirsche, der tödliche Stechapfel, das böse Bilsenkraut, auch der betäubende Tabak."

Ich zerrieb ein Blatt: der gelb färbende Saft hatte ein eigentümliches Aroma, einen aztekischen Geruch. Eine wilde Essenz scheint dem Pflanzenblut beigemischt zu sein, nicht unangenehm, eher anziehend. Dieses bizarre Wesen glaubte ich auch in der Blattgestalt mit den tiefen Zacken, der gerauhten Haut und den Stengelhaaren zu erkennen.

Die Tomate ist die Frucht von Peru. Sie wurde, wußte Borngart zu berichten, von den Spaniern und den Portugiesen aus ihrer amerikanischen Heimat über das Meer gebracht. Schöner, malerischer Eindruck, sich vorzustellen, daß der gebräunte heimgekehrte Soldat die rote Frucht in seiner Hand wohlgefällig wog und sie dann als den Liebesapfel der Neuen Welt in die Hand seiner Geliebten legte, während der Seefahrer und Landeroberer den Duft und die Farbigkeit des fernen Erdteils um sich verbreitete. Pomi del Peru, sagte der Gärtner, werde der Apfel in Spanien genannt oder auch Tomata nach der aztekischen Bezeichnung Tomatl. In jener Zeit wurde sie im südlichen Europa ihrer schönen kirschgroßen Früchte wegen als Zierpflanze gehalten.

Ich zeichnete den Haupttrieb, wie er unruhvoll aufwuchs, und betrachtete die Früchte, in deren Spiegelglanz fremdartiger Schimmer erblinkte.

In Deutschland und einigen anderen nordischen Ländern ist sie erst vor wenigen Jahrzehnten heimisch geworden. Ich erinnere mich noch gut daran, daß ich die Tomate, als ich sie kennenlernte, nach dem ersten Biß angewidert zurückwies. Heute ist sie mir sehr lieb, ich bin längst auf ihren guten, erfrischenden Geschmack gekommen.

Wir könnten sie nicht mehr entbehren. Borngart hat recht, in ihrer schönen, reinen Frucht ist der Sommer verleiblicht, ist der Sonnengeist Fleisch und Blut geworden und auf unserem Tisch gegenwärtig.

„Wir könnten kaum noch ohne diese Götterfrucht auskommen", betonte er, „sei es im Sommer die frische, gewichtig fleischige, saftige Tomate, sei es im Winter die eingemachte oder ihr kräftiger Saft zu Suppen und Saucen. Wie arm und beklagenswert ist doch ein Tisch, an dem die Tomate nicht angeboten wird! Auf mannigfache Art kann man sie zubereiten. Wie bedauernswert eine Küche, die dieses Sonnengeschenk nicht zu schätzen weiß! Sogar Jute, die Rückständige, hat sich zu ihr bekehrt und gewann durch sie manche neue, ihr unbekannt gewesene Speise. Sie wäre jedoch nicht von selbst darauf gekommen", schränkte er sein unverhofftes Lob ein, „wenn nicht Ull sie dazu bestimmt hätte. Er pries die Tomate als eine wahre Kraft- und Gesundheitsspenderin und behauptete von ihr, sie erhalte ihn gesund, stark und jung."

Es mochte Wahres daran sein. Ull war stark wie ein Zentaur, der mit den Hufen die Erde aufwühlt, mit den Augen aber nach einer runden, kirschäugigen Küchennymphe auslugt. Es würde mich nicht wundern, gäbe er ihr als Schönheitspreis einen Liebesapfel aus Borngarts Garten.

„Ull läßt mich an einen Lastträger von Konstantinopel denken“, sagte Borngart, „an einen langen, dürren Hamal, der häufig am Traubenblättergarten des Sultans vorübertrottete. Er schleppte seine schweren Lasten durch die steilen Straßen und Gassen von Stambul und Pera, und die Sonne schickte ihre glühenden Strahlen auf ihn herab. Zur Mittagszeit kauerte er sich in den Schatten einer Mauer, manchmal dem Palasttor gegenüber, um sich von seinen Schleppereien auszuruhen und sein bescheidenes Mittagsmahl zu verzehren: Maisbrot, Käse und Tomaten. Hin und wieder hatte er auch ein paar der schwarzen Oliven. Sein Haar war weiß, sein Gesicht auffallend jung, seine Kraft erstaunlich. Unermüdlich konnte er von morgens bis abends schwere Säcke aus den Laderäumen der Schiffe am Kai von Galata tragen. Als ich ihn einmal am Hafen fragte, woher er seine Riesenkraft und Gesundheit habe, sagte er: ‚Von den Früchten Allahs!‘, langte rechts und links in die Rocktaschen und hielt mir in der einen Hand Oliven hin und in der andern Tomaten. Seit frühester Kindheit war er an sie gewöhnt.

Man könnte die Tomate den Apfel der Jugend nennen, ihre wundersamen Kräfte schützen vor frühzeitigem Welken und Altern, wird doch die Frucht von einer Pflanze gepflückt, die sich durch große Wachstumskraft, regen Säftekreislauf und ungewöhnlichen Stoffhunger auszeichnet.“

Man sah den Büschen das kraftvolle Leben an. Sie waren gut genährt, üppig im Laub, hochgewachsen und stattlich. Rundum prangten sie von reifenden und noch grünen Bällen, und an den Zweigenden schmückten sie sich mit neuen Blüten. Sie würden lange fruchtbar sein. Feuchte und Wärme hatten sie aufschwellen lassen und ihre Blätter strotzend gemacht.

„Es heißt“, sagte Borngart, „der Italiener aus dem einfachen Volk verdanke seine gute Körperbeschaffenheit der Tomate, dem Serben und Bulgaren schenke sie – im Verein mit Zwiebel und Lauch – ein hohes Alter. Die Tomate sei ihre Volksnahrung.“

„Demnach muß sie reich an Kräften und ein wahrer Wunderapfel sein“, folgerte ich, „so etwas wie der Apfel der Gesundheit“; sagte es und setzte mit Liebe und Bewunderung die feine, fünffach gezipfelte Blüte an, aus deren Mitte der gelbe Kegel der Bestäubungsanlage aufragt. Zeichnend und dem Gärtner zuhörend, kam ich mir nun schon wie ein Gartenbauschüler vor, nur daß ich statt des Spatens den Bleistift führte.

„Die Tomate bereitet in ihrem Saft die Vitamine A, B und C, aber auch organische Mineralstoffe und Metalle. Ihr Kupfer hilft der Blutbildung, ihr Radiumgehalt ist dem mancher Mineralwässer an Wirkung ähnlich. Ihre Fruchtsäuren zeichnen sich durch edle Eigenschaften aus. Sie verscheucht Mangelkrankheiten. Für die Kinder ist sie ein Segen: sie bekommen sie roh zu essen, die Säuglinge den ausgepreßten Saft, der bei ihnen trefflich anschlägt. Und die Alten mit ihren Leber-, Nieren-, Blasen-, Magen- und Kreislaufstörungen haben an ihr eine heilsame Krankenkost. Die besten Kräfte des Weltalls, Erde und Sonne, haben sich in ihr vermählt. Darum ist sie ein wahrer Liebesapfel der Schöpfung und eine Meisterfrucht der Gärtnerkunst!“

Er sagte nicht zuviel, und ich tat nicht zuwenig, indem ich mich bemühte, die schönen Bälle zu runden und ihnen ein pralles Ansehen zu geben. Mich entzückte der wunderschöne Stielansatz der Frucht und die feine Biegung des sanft geneigten Blattes. Auch gefiel mir der junge Seitentrieb am Ursprung des Blattstieles. Wie ein winziges Pflänzchen sproßte er heran. Als ich ihn aber mitzeichnen wollte, knipste ihn Borngart ab: er sei unerwünscht, da sich die Kraft des Haupttriebs nicht verzetteln dürfe; jeder gute Gärtner würde sein Vorhandensein tadeln.

„Und wie heißt die Sorte, die ich zeichne?"

„Bonner Beste", antwortete er, „sehr ertragreich und eine der frühesten. Wie Sie sehen, ist die Frucht rund, mittelgroß und glatt. Unser Tomatensommer ist leider kurz, wir müssen ihn gut einteilen und ausnützen. Stecken Sie sich ein paar davon für den Abendtisch ein: ihr kühles, saftspritzendes, dichtes und zartes Fleisch wird erquicklich schmecken. Lucullus ist eine alte Sorte, die aber nie versagt. Sie beginnt jetzt, sich durchzufärben. Die Frucht wird ebenfalls mittelgroß, fein glatt und leuchtend rot. Sie ist bisher noch unübertroffen, doch hoffe ich im nächsten Jahr eine neue auf den Markt zu bringen, Sorte Planet. Wir haben noch andere, das mag Sie aber wenig kümmern. Vergessen Sie die milde gelbe nicht, unsere Goldene Königin – auch ihr gehört ein Ruhmesblatt. Kreuzungen über Kreuzungen: die Tomate gehorcht dem Züchterwillen und entwickelt von Jahr zu Jahr neue Formen, neue Feinheiten. In den Preislisten der amerikanischen Samenhändler werden schon an die sechzig Zuchtformen, die aus der kleinen wilden Beere entwickelt wurden, aufgezählt. Wir begnügen uns mit weniger Verschiedenheiten, aber auch daran mögen Sie den unerschöpflichen Lebensquell erkennen, der im Tomatenblut sprudelt."

Dieser Pflanzen- und Saftbrunnen sollte auch in meinem Tomatenaquarell sprudeln. Nun, da ich die Umrißzeichnung fertig hatte, konnte ich darangehen, Grün von Feuchte und fleischigem Schimmer zu mischen und den Hauptstengel des strotzenden Stocks sommerprächtig zu färben.

Die Aubergine

Es war nicht meine Absicht, von jeder Gemüsepflanze ein Bild anzufertigen: einzelne Gewächse sollten die ganze grüne Gemeinde vertreten. Borngart hätte zwar gern gesehen, wenn ich alle abgebildet hätte – er ist in jeden seiner Lieblinge vernarrt und findet den einen schöner und feiner als den andern –, aber wohin wäre ich gekommen, hätte ich etwa auch die Kartoffeln, die Roten Rüben, die Buschbohnen und Rettiche mit aufgenommen! Meine Bilderreihe würde lang sein wie der Mainfluß am Fuß des Amselberges. Der Gärtner kann sich ausbreiten, der Maler muß sich beschränken. Die zierliche, duftende Kartoffelblüte, die weiße und die lilafarbene, hätte ich zwar gern dabeigehabt, doch waren die Stöcke verblüht, ich hatte sie versäumt. Borngart pflanzte nur frühe Sorten: die Hörnchen, die als Salatkartoffeln so angenehm schmecken, und den Erstling, der aus Holland kommt, sich aber bei uns vortrefflich eingebürgert hat. Auch die Kartoffel ist, wie schon gesagt, ein Nachtschattengewächs – ein Nachtschatten, der die pralle Sonne des Tages liebt. Einem andern Nachtschatten wandte ich mich nun zu, der Aubergine, der Eierfrucht.

Borngart hatte die Pflanzen, südländische, wärmebedürftige Wesen, in seinem Glashaus aufgezogen und sie heute, da die Julisonne brannte, in das Freie gesetzt. Merkwürdige Stöcke! Gewichtig klunkerten an ihnen schon ein paar reifende schwarzviolette Früchte. Durch die Adern von Stengel und Laub zog sich das dunkelviolette Blut und färbte mit seinem Schein die Blüte.

Bald wußte ich, was es für eine Bewandtnis mit der Aubergine habe. Die Engländer gaben ihr, der eiförmigen Fruchtform wegen, den Namen egg-plant, Eierpflanze, und die Franzosen sagen gar poule pondeuse, eierlegendes Huhn, zu ihr. Aber weder mit der Henne noch mit dem Ei hat die Pflanze etwas zu schaffen: außer den eiförmigen kommen auch walzen- und tropfenförmige Früchte vor, und braun- oder schwarzviolette oder schwarze Eier gibt es schon gar nicht, wenn sie nicht ein Vogel der Fabel legt. Der Unkundige könnte die Frucht eher für eine absonderliche dunkle Gurke halten.

Vermutlich ist sie dem Lande Indien entsprossen. Darüber konnte mir Borngart manches sagen. Im Sanskrit, der Sprache der indischen Dichtung aus der klassischen Zeit, wird die Pflanze mit mehreren Namen genannt, demnach ist sie eine altindische Gartenfrucht. Doch wurde ihre wilde Staude weder in Indien noch in einem andern Land gefunden, nur eine Verwandte von ihr ist aus Madras und Birma bekannt. Von den

Indern lernten sie zuerst die Araber kennen, die vorzügliche Gärtner sind und auch Leute von Feingeschmack, was die Zucht der Dattelpalme lehrt. Sie brachten die Pflanze in das maurische Spanien und pflegten sie dort in ihren Gärten, und so schlug sie in Europa Wurzel. Wie viele Fürsten- und Kaisergeschlechter sind seitdem ins Grab gestiegen, die maurische Herrschaft mußte längst aus Spanien weichen, aber die mohrendunkle Frucht der Mauren, diese hochachtbare, hebt noch immer ihr Pflanzenhaupt und grüßt uns mit Blüten und Früchten.

Die Geschichte der Aubergine nahm Borngart aus den Pflanzenbüchern von Konstantinopel. Wahrscheinlich hat er damals von manchen Seiten Abschriften angefertigt, die er jetzt, um mich zu unterrichten, wieder durchliest: seine Angaben sind auf diese Weise sehr genau. Wahrscheinlich erweckt er mit den Pflanzenschilderungen zugleich in seinem Gedächtnis die alte Zeit, es macht ihm sichtlich Freude.

Ende des fünfzehnten Jahrhunderts wurde die Aubergine in Europa bekannt, es war die Zeit der Entdekkung Amerikas. Damals wurde Europa mit Neuigkeiten und Neuheiten überschwemmt. Jedoch sollen einige bevorzugte Bewohner unseres Erdteils die merkwürdige Pflanze schon früher gekannt haben, darunter die kundige Hildegard von Bingen.

Im sechzehnten Jahrhundert wurden die Früchte, die man anfangs zur Zierde pflegte, in Spanien und Italien schon recht mit Behagen verzehrt. Die Italiener kochten sie nach Pilzart und bereiteten sie mit Öl, Salz und Pfeffer zu. Borngart schneidet die geschälten Früchte zu Scheiben, um sie in Öl zu backen, oder er bereitet aus ihnen mit Tomaten ein leckeres Mischgemüse. Das Fleisch der faserarmen Frucht sei weich und locker und enthalte Ergänzungsstoffe gleich dem Paradiesapfel und der Gurke.

Die Italiener nannten in ihrer Begeisterung für die Aubergine diese Frucht Goldapfel, obwohl sie gar nicht golden schimmert. Der alte Pflanzenvater Fuchs, zu dessen Ehre die schöne Fuchsie vor den Fenstern blüht, kannte allerdings gelbe Eierfrüchte, und auf sie mochte sich der goldene Name bezogen haben. Er erzählt uns aber auch von purpurfarbigen. Und Tragus, ein Pflanzengelehrter, von dem ich aber noch nie gehört habe, nennt die Aubergine das schöne Geschenk einer schönen Stadt – aus Neapel sei sie nach Deutschland gekommen.

Ich konnte darüber glücklich sein. Die Frucht wirkte geheimnisvoll anziehend: in den Lichtern ihrer spiegelglatten, schwarzvioletten Schale glaubte ich den Schimmer des dunkeln Indiens zu erkennen, und Glanz und Nacht versetzten meinen Malkasten in Aufregung: ich stellte eifrig Versuche an, die blitzende und gesättigte Farbe, das östliche Märchen der Frucht zu finden und wahrheitsgetreu auf mein Blatt hinzuzaubern.

Der Erbe

Ull war zurückgekehrt. Ich sah ihn am Abend vor der Orangerie, wo er in der Dämmerung des sinkenden Tages noch eifrig arbeitete, um Versäumtes nachzuholen. Es hatte den Anschein, als wenn das Unkraut seine Abwesenheit wahrgenommen hätte, um mit ganzer Wut aus der Erde zu fahren und die Beetwege und -kanten zu überschwemmen. Gleich einem unverdrossenen Krieger warf er sich dem Ansturm entgegen, mähte nieder und rottete Disteln, Flohkraut, Hirtentäschel, Gras und Gauchheil mit Stumpf und Stiel aus.

Als er endlich aufhörte, weil kaum noch Büchsenlicht für die Unkrautjagd herrschte, wusch er sich die Hände am Wasserhahn und trat zu mir. Ich hatte noch ein wenig an meinem Auberginenbild gepinselt und gefeilt – und legte nun mein Arbeitszeug weg.

„Sehn Sie, Adventer", meinte er, „den ganzen Tag hab ich gehackt und gekratzt. Nach der Tagesarbeit kommt das Unkraut an die Reihe. Solang es auf den Wegen wächst, sieht Borngart großzügig darüber hinweg. Er behauptet, etwas Unkraut sei sogar von Nutzen, es bringe Wildniskräfte herbei. Firlefanz! So duldsam und feinfühlig ist unsereiner nicht. Ich seh, wie es von den Wegen in die Beete hineinrennt, und da sage ich: Hinaus mit allem, was keine Zinsen bringt und nur am Kapital frißt!"

„Aber Ull", wandte ich ein, „ich kenne Sie kaum wieder. Haben Sie eine so fette Erbschaft gemacht, daß Sie in Bankgleichnissen reden?"

„Ach Gott, Adventer, die liebe Gilge! Die sollten Sie gekannt haben. Was ich der Frau alles verdanke! Die ewige Glückseligkeit hat sie sich durch Guttaten verdient. Sie ruhe in Frieden! Ein einfaches Holzkreuz hat sie verlangt, keinen Stein, damit ihr die Erde nicht schwer werde. Noch übers Grab hinaus spür ich ihre Hand. Wie 'ne Mutter war sie zu mir. So eine Frau finden Sie nicht ein zweites Mal!" Er blickte sich bei diesen Worten vorsichtig um, als wenn er sich vergewissern wolle, daß Jute nicht zuhöre. „Ich hätt sie zu ihren Lebzeiten häufiger besuchen und nicht nur zu ihrem Sterben zurecht kommen sollen. Aber wann käm unsereiner mal aus dem Garten? Es ist kein Fertigwerden. Die Pflanzen wollen wachsen, und die Leut müssen essen. Und sehn Sie, Adventer, das Unkraut breitet sich wie die Pest aus, und der Salat geht in die Höh. Borngart hätte ihn rechtzeitig wegschaffen sollen. Unser Salat findet immer Abnehmer. Es wird aber schon so sein, wie ich sag: er hat mit Ihnen geplaudert, er plaudert gern. Hat ja auch viel gesehn und erlebt. Ich hab ja auch nichts dawider, aber der Kopfsalat ist hin, die Gurkenbeete sind strohtrocken, und die Radieschen sind holzig geworden."

Einer allein, versetzte ich, könne einen so großen Garten eben nicht in Schach halten. Meister Ull sei abwesend gewesen, so sei manche Arbeit liegen geblieben.

„Ach ja, die liebe Gilge!" klagte er. Seine Jugend sei nicht immer schön gewesen, aber heute wäre ihm zumute, als wenn sie mit der Gilge ins Grab gesunken sei.

Er senkte den Kopf.

„Kopf hoch, Ull! Für uns alle, auch für Borngart, Herrn von Heckenast und für mich, ist die Jugend vorbei, ohne daß uns dreien eine liebe Gilge gestorben wäre, nur für Fräulein Dorine und Jute ist sie noch nicht vorüber. Sollen wir Männer deshalb den Kopf hängen lassen? Das Leben geht weiter, und es zu meistern rufen uns die Toten zu."

Er nickte schwerfällig.

„Der zweite Blutstropfen ist heruntergefallen", murmelte er.

„Was soll das heißen?" fragte ich verwundert. „Was für ein Blutstropfen?"

Er deutete gegen seinen Kopf. „Es heißt so! In der Stirn über den Augen sollen bei jedem Menschen an einem Knöchelchen drei Blutstropfen hängen. Wenn die Kindheit vergangen ist, fällt der erste ab, der zweite, wenn die Jugend vorbei ist. Das ist jetzt bei mir der Fall."

„Und der dritte?"

„Ist bei der Gilge heruntergefallen", sagte er schwermütig.

„Ein Märchen, ein Bild, Ull! Bis das dritte Blutströpfchen herunterfällt, werden noch viele zum Kopf emporsteigen. Vor allem die heißen, hitzigen, verliebten. Sie sind noch ein junger Mann und werden bald heiraten – Jute hat bei mir ein Brautbild bestellt!"

„Hat sie das wirklich?" fragte er freudig erschrokken.

„Das sagte ich Ihnen doch schon!"

Er war mit einemmal kein Kopfhänger mehr. Seine Augen begannen zu blitzen, und er sah mich wach und erwartungsvoll an.

„Sie war krank vor Sehnsucht nach einem gewissen Ull!"

„Der gewisse Ull bin ich!“ rief er aus und errötete. Ein rotes Blutströpfchen und viele andere dazu brausten durch seinen Kopf.

Aber, aber... meinte er, wieder bedenklich geworden, sie habe ihn doch abgewiesen! Wie reime sich das zusammen?

Er nehme es zu wortwörtlich, versicherte ich. Im Nein sei ein Ja enthalten gewesen, das habe er nur nicht herausgehört. Er müsse das Nein aufknacken, um das Ja zu gewinnen.

„Kenne sich einer mit den Frauensleuten aus!“ seufzte er.

„Sie werden es lernen – oder auch nicht. Hinein in die schwierige Schule!“

Nun begann er vor mir einen kleinen Rechenschaftsbericht abzulegen, als wenn ich seinen Manneswert abzuwägen hätte.

Er verstehe sein Handwerk, meinte er. Sparsam sei er, ordentlich und nicht anspruchsvoll. Auch stelle er einen richtigen Mann vor. Und sei er nicht ein Gärtner, mit dem Meister Borngart zufrieden sei? Vertraulich flüsternd gestand er mir, daß ihm Gilge ein Häuschen vererbt habe, in Würzburg, mit Blick auf den Main, ein wunderschönes Häuschen, warm und behaglich, ein Häuschen mit einem Rebstock an der Wand, und nicht nur ein Häuschen, auch einen Batzen Geld, dreitausend Mark in Bargeld und Papieren. Er klopfte auf seine Brusttasche, als hätte er den ganzen Schatz bei sich und das Würzburger Häuschen dazu. Und nun pries er wieder die gute Gilge und setzte sie mit beiden Händen zärtlich auf eine schimmernde Himmelswolke in die ewige Glückseligkeit.

Er war ein schnurriger Bursche, abergläubisch wie ein Schamane und schwärmerisch verliebt wie ein Jüngling. Dazu verfügte er über einen ausgemachten Wirklichkeitssinn.

„Verdient hab ichs nicht um die Gilge!“ versicherte er. „Hätt mich mehr um sie kümmern sollen. Noch jetzt tut sie mir Gutes – und wenn Jute mag und will, teile ich mit ihr, was ich geerbt habe. Meinen Sie, daß sie will?“ fragte er noch einmal vorsichtshalber.

Er hatte also keine Braut mitgeerbt. Ich würde das Brautbild zeichnen müssen, und Borngart sollte nicht um den gegrillten Hochzeitsgickel kommen.

„Sie mag und sie will, Sie Drehpeter!“ antwortete ich. „Bringen Sie die Sache mit Jute endlich ins reine, sonst heiratet sie Ihnen ein anderer noch vor der Nase weg!“

„Gut!“ sagte er und reckte sich unternehmungsfroh. Sein scharfgeschnittener Kopf zeichnete sich vom Weinlaub der Orangerie ab. In seinen Augen funkelte ein Glanz von Traum und Rausch, oder war es der Widerschein der letzten Feuerwolke über dem Garten?

Gurke, Kürbis und Melone

Bald nach Rückkehr des Gehilfen, ehe dieser noch seinen Heiratsantrag zum zweiten Male vorgebracht hatte, begannen Borngart und ich ein neues Gartenkapitel. Ich versah es mit Bildern, der Gärtner mit Text. Er zierte es mit Worten aus, und ich malte es saftig grün und blühend golden. Rankende Blätter flochten wir hinein und mancherlei funkelnde Bemerkungen.

Über das Blättergeschling hatte er soeben seine lichtanzaubernde Lösung von Bergkristall gesprüht, ein Verfahren, das er im Laufe des Gartenjahres bei den verschiedensten Pflanzen mehrfach anwandte. Die Wirkung war verblüffend. Nie sah ich einen Garten, dessen Blattgrün gesättigter, sommerstärker und edler geleuchtet hätte. Die Blätter schimmerten wie von einem Lichthauch übergossen. Auch den Früchten eignete dieser Schmelz und Glanz. Schon an den Erdbeeren war er mir aufgefallen, sie blinkten wie von einem beständigen inneren Tau: es waren die aus Himmelslicht gewobenen Strahlen der Gesundheit. Der Gärtner hatte seine stummen Geschöpfe im Einklang mit den Kräften der Natur aufgezogen, und morgenfrisch prangten sie ihn mit ihren innerlichen Strahlen an.

Die Gurken strotzten, aller Erdensaft war in ihr Fleisch eingezogen. Da lagen sie, schlafende Quellen, unter den borstig behaarten Blattdächern und sonnten sich schlangenfaul. Die grünen, schlanken Leiber verpraßten den Sommer. Über ihrem dämpfigen Kraut brütete die windlose Luft. Ihre gelben Blütenkelche schwebten zwischen den handförmig gelappten, schön gestielten Blättern. Sie gefielen mir ausnehmend, ich zeichnete sie, fünfspaltig, glockenförmig, und achtete darauf, wie sie aus den Blattachseln herauswuchsen und ihren goldenen Köcher den Sonnenstrahlen und den Bienen auftaten.

Kürbis, Gurke, Melone, belehrte mich der Gärtner, sind miteinander verwandt und Angehörige der ehrenwerten Familien Cucurbita und Cucumis. Wiewohl beider Geschlechterreihen lang und alt sind, so daß sie Anspruch auf Adelung hätten, wären sie nicht überdies schon edel, gerieten ihre Namen merkwürdigerweise in die Gauner- und Gassensprache. Mit Kürbis bezeichnet man einen dummen, beschränkten Kopf, mit Gurke einen lächerlichen Menschen, und Melone bedeutet – in Frankreich vorzüglich – so etwas wie einen Grünschnabel. Diese Ausdrücke aus der Gurkenwelt gehen auch durch die Gassensprache anderer Völker und kommen schon bei Homer vor, wo Thersites die Griechen vor Troja Kürbisse nennt. Man merkt daran, wie alt und beliebt die Gurke und der Kürbis sind. Ihre Familien kann man, dem Bibelwort entsprechend, an ihren Früchten erkennen: sie bringen Riesen hervor.

Die Gurke, fuhr der Gärtner in seiner Schilderung fort, wird im Zustand der Unreife, die Melone im Reifezustand und der Kürbis nach der Reife und gekocht verspeist. Die Gurke zu verzehren ist angenehm und erfrischend, die Melone zu schlürfen köstlich, den gekochten Kürbis zu essen Liebhaberei. Das bei mancher Sorte faserige Fleisch ist nicht jedermanns Sache. Alle drei sind Sonnengewächse, sie verlangen viel Wärme oder gleichmäßige Hitze, aber auch viel Feuchtigkeit. Sie sind ursprünglich Kinder fremder Erdteile. Der Anblick ihres Wachstums, ihrer schlingenden Ranken sowie ihre Fähigkeit, Saft zu speichern, ist von tropischem Reiz. Die Früchte sind Flaschen, Krüge und Fässer. Unter ihren dicken Schalen, die die Verdunstung verhindern, sammeln sie in den Zeiten der Hitze und des Durstes wässerige und weinige Säfte, die mit Genuß gezapft und ausgebechert werden.

Die Gurke, eine grüne Flasche, wurde am Ende des

sechzehnten Jahrhunderts nach Europa gebracht. Den orientalischen Steppen- und Wüstenvölkern war sie aber schon viel früher bekannt. In der Pflanzenwelt der Pharaonen kommt sie bereits vor. Es ist erstaunlich, wie alt viele Nahrungspflanzen sind und wie wenig der neuzeitliche Mensch sich bemühte, ihre Zahl zu vermehren. Er habe ein wenig herumgezüchtet – das sei alles, meinte Borngart. Berühmte Gurkenzüchter waren die Araber; und die Römer, die gern Gurken schmausten, lernten von ihnen. Wir kennen die vielfältige Verwendungsmöglichkeit der Gurke in der Küche: roh zum Brote, als Salat, gekocht als Gurkensuppe, geschmort mit Fleischfüllung, eingelegt als Essiggurke oder eingesäuert zur Salzgurke. Ihr Nährwert ist gering, ihr Heilwert jedoch bedeutend.

Ihr Saft enthält das Vitamin C, das wachstumfördernde. In der Kinderstube stiftet er Nutzen, wie jener mit Borngart Briefe tauschende Kinderarzt versicherte; der Saft sei schleimlösend und reizmildernd. Seine gute Wirkung habe er bei Brustleiden, Rippenfellentzündung, Keuchhusten und Katarrhen der Atmung erprobt. In den Wechseljahren solle er, meinten andere, Männern und Frauen sehr dienlich sein: bei Kopfschmerz, Schwindelgefühl und Blutwallungen. Die wasserreiche Frucht ist stark basenüberschüssig, und da die Basen die Feinde der Säuren sind, bekämpft ihr Saft Übersäuerungen und hilft auch den Nieren. Bei Darmträgheit wirkt er abführend. Dies alles wußte ich nun, ich hatte mir bei Borngart in meinem Gedächtnis eine geheime Hausapotheke erworben, und wohl selten mag ein Maler beim Malen von Pflanzenbildern mehr Neues gelernt haben als ich.

Auch in der Schönheitspflege bewährt sich Gurkensaft. Als innerliches und äußerliches Schönheitsmittel, meist mit Milch versetzt, ist er von den Frauen zur Erzielung einer schönen, glatten Haut geschätzt.

Borngart liebte die Gurke in ihrer Eigenschaft als Tafelfreude. Er brauchte weder ihren Schönheits- noch ihren Gesundheitssaft: sein Gesicht strahlte auch ohnedies von Lebenskraft. Das machte seine einfache, natürliche Lebensweise. Den Warmhausgurken gibt Ull den Vorrang, einfach deshalb, weil Jute Wert darauf legt, frühzeitig Gurkensalat anzumachen. Borngart bevorzugt mehr die Freilandgurken. Er schätzt die Frankfurter Schlangengurke, deren Güte seiner Meinung nach von keiner anderen Freilandgurke erreicht wird, läßt aber auch – und er verkündet es mir beim Vorübergehen an meinem Arbeitsbeet – die mittellange, dickfleischige Sensation gelten, die ergiebig ist und lange grün bleibt. Sie eignet sich vorzüglich zu Salaten und zum Einlegen. Mit seiner Gurkenzucht müßte er sich längst, ginge es gerecht zu, Jutes Anerkennung erworben haben.

Das Gurkengespräch war damit zu Ende. Wir nahmen es auch nicht wieder auf, nur Ull kam später noch einmal kurz darauf zurück, als er mir sagte, daß Gurken, im Sternbild des Fisches gesät, glatt und lang wie Fische würden. Im Krebs gesät, trieben sie nur Ranken. Die längsten Gurken aber ernte man, wenn die Pflänzchen am längsten Tag des Jahres gesteckt würden. Kein Wunder, der längste Tag hat auch die größte Kraft!

Ich hatte an jenem Tag eine lange Gurke in die Tasche gesteckt und war, vertrieben durch ein Gewitter, heimgegangen in meine Malerstube, wo ich das hübsche Gurkenbild vollends ausführte.

Erst später redeten wir vom Kürbis; Borngart und Ull wußten über ihn eine Menge zu sagen. Diese Riesenkugel von Pflanzenfleisch haben uns gleichsam die Urvölker von Amerika zugerollt. Ihre amerikanische Herkunft war das einzige, was Borngart an ihr anziehend fand. Sonst stand sie bei ihm nicht in hoher Gunst, und er duldete die Pflanze auch nur abseits in einem sonnigen Mauereck. Aber die Geschichte goß ihr Zauberlicht über den mächtigen Ball und verlieh ihm eine Aureole. Die ersten Reisenden, die Amerika besuchten, fanden den Kürbis auf den Antillen, in Peru, in Florida und in Nordamerika. In seinem Tagebuch der ersten Reise schreibt Kolumbus, er habe bei einem Indianerdorf auf der Insel Kuba, die er bekanntlich so theatralisch betrat, ausgedehnte, mit ‚mehreren Dingen des Landes und mit Kalebassen' bepflanzte Felder gesehen. Der Satz offenbart die mangelhafte Pflanzenkenntnis des Entdeckers, auch waren es keine Kalebassen, Flaschenkürbisse, wie sie die indischen Pilger als Trinkgefäße am Gürtel haben, sondern ganz einfach Kürbisse, was spätere Forschungen bestätigten. Soweit Borngart.

Mir wollte es nicht sonderbar erscheinen, daß ein Land, das die Sonnenblume, die riesige Blütenscheibe, hervorgebracht hat, auch zu einem Riesenkürbis fähig war. Er ist für uns das Sinnbild der Fruchtbarkeit und des Überflusses – die Spanier konnten mit ihren Schiffen kaum einen besseren Beweis für die Pflanzenkraft und -fülle der Neuen Welt heimbringen.

Borngart trieb seine Abneigung gegen den Kürbis

entschieden zu weit. Er ist ein wichtiges Nahrungsmittel und ein kostbarer Ersatz für Wasser in Durstländern. In der Nahrungsaufnahme ist der Kürbis – in dessen Namen der Begriff Korb, Truhe, Gefäß, aber auch Lastschiff steckt – ein starker Zehrer, Unflat und wahrer Fresser des Pflanzenreichs. Sein Fruchtbauch wölbt sich zu einem Globus. Am liebsten liegt er auf einem fetten Komposthaufen in Quartier, über den er sich aussaugend hinwerfen kann. Damit hat er bei Borngart kein Glück. Seine heiligen, reifen Hügel von Feinerde hat der Gärtner mit alten Säcken und Tüchern zugedeckt, damit die gebundenen Kräfte nicht verrauchen und verdunsten.

Der Maler hat eine andere Anschauung als der Gärtner. Schon immer war für mich die Kürbispflanze eine eindringliche Erscheinung. Ihr wuchernder Wachstumsfleiß erweckte mir das Bild eines tropischen Gewächses. Unter den kleinen und großen Leuchten des Gartens, die den Ruhm des Gärtners verstrahlen, glänzt der Kürbis, hineingewälzt in das Gewölk seiner Blätter, gleich einer prallen, goldenen Gartensonne.

Ehe ich am Abend mit meinem Zeichenblock das Feld räumte, wisperte Ull mir noch schnell eine kleine Geschichte zu, die er von dem Klostergärtner in seiner Jugend hatte.

„In alter Zeit", erzählte er, „war die Kürbispflanze kein schwach hinkriechendes Geschöpf, sondern ein mächtiger Baum auf Höhen und Hügeln, und dieser ragte so hoch, daß er über alle Bäume hinwegschauen konnte. Er war, weiß Gott, höher als ein Eichbaum, und zwar um so viel höher, als seine Frucht größer als eine Eichel ist. Ein unvorstellbar riesiger Baum, wird man sagen dürfen, ein himmelhoher. Aber wer hochmütig groß ist, will noch größer sein: der gewaltige Stamm war dem stolzen Kürbis noch nicht hoch genug. Er rühmte sich vor allen Bäumen und aller Welt, eines Tages bis in den Himmel zu wachsen und dem Herrgott regieren zu helfen. Das ging denn doch zu weit, meinten die Nachbarn, und auch dem Herrgott wurde es zu bunt, ihm mißfiel diese Großsprecherei. Schnell hieß er den Sturm seinen Wolkenschlauch öffnen und den Kürbis umblasen. Der Sturm fackelte nicht lange, blies seine Backen auf und schleuderte den hoffärtigen Kürbis zur Erde nieder. Da lag er nun und mußte gleich der Schlange auf dem Bauche kriechen. Seitdem hat er sich auch nicht wieder erheben können und blieb, was er war und immer ist: ein hohler Kürbis."

„Ihre Geschichte ist lehrreich", meinte ich. „Kürbisse sollen nicht hochmütig sein. Doch auch ich weiß eine Kürbisgeschichte. Ein Bauer fuhr einst in lustigem Trab durch einen mainfränkischen Ort, dabei sprang von seinem Wagen ein großer Kürbis. Der Bauer merkte es nicht und ratterte zum Tor hinaus. Die Leute aber eilten herbei, bestaunten die große Kugel, und da keiner von ihnen das Ding kannte, schleppten sie den Kürbis auf das Rathaus als der gescheitesten Stelle im ganzen Ort, fragten den Bürgermeister und die Gemeinderäte, was es mit der Kugel auf sich habe und was damit anzufangen sei. Da war guter Rat teuer. Weder der Bürgermeister noch die ehrsamen Stadträte vermochten die Frage der Bürgerschaft zu beantworten. Die einen hielten das Ding für den Mond, der vom Himmel auf den Bauernwagen gefallen sei, die andern für eine auf das Gefährt abgefeuerte schwedische Kanonenkugel, denn es war um die Zeit der grausigen Schwedenkriege in Franken – kurz, man stritt hin und her. Endlich aber kam man überein, daß die Kugel ein vom Bauernpferd verlorenes Ei sein müsse. Alles schön und gut! Wer aber wird das Ei ausbrüten? Gab es dazu wohl einen geeigneteren Mann als den Bürgermeister, der rund und dick war? Auf dem höchsten Berg der Gemarkung, wo die Sonne am wärmsten schien, vielleicht gar auf unserm Amselberg, sollte er das Brutgeschäft verrichten. Der Bürgermeister setzte sich denn auch im heißesten Sonnenschein auf das vermeintliche Ei und begann zu brüten. Es dauerte aber nicht lange, so machte er ein Nickerchen und fiel vom Ei herunter auf die Erde. Der Kürbis fing an zu rollen und zu purzeln, immer bergab, holterdipolter! bis er in einem Haselbusch verschwand. Nun hockte aber in der Mittagshitze ein Hase im Schatten des Busches; eiligst flüchtete der, als das Pferde-Ei ins Gesträuch hereinkrachte.

Der Bürgermeister, der dem Ei nachgesetzt war, sah, daß es in Stücke zersprang und gleich darauf der Hase herausfegte. Er hatte anscheinend noch nie einen Hasenfuß gesehen, oder er erkannte in seiner Kurzsichtigkeit Langohr nicht, sonst wäre er ihm wohl nicht nachgelaufen. Vielleicht hielt er ihn auch für ein anderes Tier, etwa gar für ein Füllen, ein Pferdejunges. Er rief ihm nach: ‚He du! Was läufst du so? Komm doch her! Kennst du deine eigene Mutter nicht?‘

Der Hase schien sich aber nicht an eine zweibeinige Mutter zu erinnern, die noch dazu wie ein Bauer im Rübenacker aussah, und verschwand, hast du nicht gesehn? im Kartoffelkräutig.“

Ull verzog vergnügt das Gesicht und kratzte sich am

Kopf, als wenn er sich die Kürbisgeschichte hinters Ohr schreiben wolle.

„Ich schenk sie Ihnen!“ rief ich ihm zu und wandte mich zum Gehen. Er aber eilte in das kleine Gärtnerhaus. Ich hörte, wie er den Anfang der Geschichte Borngart wiedererzählte und daß dieser über das Pferde-Ei lachte, während ich mich anschickte, bergab zu eilen, und dabei einen aufgescheuchten Hasen hetzte, der vor mir her meinem Dorf entgegenrannte, als wenn ihn einer dorthin zu unserm Bürgermeister bestellt hätte.

Nicht so bald kam ich wieder in den Garten auf den Amselberg; ich unterbrach meine Arbeit am Kürbis und vollendete mein Frankenbild. Dorine hatte ich einige Tage nicht gesehen. Ich war überdies in meine Blätter- und Bilderwelt so tief eingetaucht gewesen, daß ich nicht einmal einen Schritt in den Hof vor dem Haus getan hatte. Früh am Morgen war ich in den Garten gekommen, und spät am Abend hatte ich ihn verlassen. Ull hatte recht: es ist kein Fertigwerden!

Nun besaß mich wieder das Frankenbild. Meine Augen waren durch die Gartenübung nadelscharf geworden. Ich konnte jetzt gewisse Fein- und Kleinheiten, die ich mir bis zuletzt aufgespart, ausführen. Den fränkischen Duft bannte ich zierlich und kräftig, blitzhell in mein Bild. Der Gartenfleiß bewährte sich auch an ihm. Und wie aus Borngarts Pflanzen die Strahlen der Gesundheit hervorschimmerten, so brach aus meinen Linien und Farben die Lichtkraft meiner Heimat und leuchtete die reine Klarheit und Anmut Dorines.

Mit glücklicher Seele konnte ich mich jetzt, da das Bild vollendet war, wieder dem Garten widmen und einen günstigen Augenblick abpassen, um Dorine zu mir in das Theater zu bitten, wo ich ihr das Bild zu übergeben gedachte. Doch fand ich nicht so bald die Gelegenheit dazu. Ich suchte die Melone auf.

Die Gartenmelone Freilandsieger, die neue Züchtung, die das Warmhaus nicht nötig hat, war Borngarts große Freude. Er schenkte ihr den besten, sonnigsten Ort seines Gartens und die allerfeinste, kraftreichste und ergiebigste Erde. Täglich prüfte er ihren feinen aromatischen Duft und bewunderte die schöne Verfärbung, womit sich die Reife der Frucht ankündigte.

Tiefe Rinnen wie Längengrade durchzogen die Kugel, und die Schale war schön genetzt. Ihre Gestalt und ihr Aussehen bereiteten mir die lebhafteste Augenfreude; ich konnte mir nicht genug damit tun, das geäderte Melonennetz in seinen feinsten Verknüpfungen zu malen.

Wie die Sonne den Mond bescheint und ihn mit Licht erfüllt, so war meiner Melone, deren Name so melodisch klingt, alle Süße der Sommersonne gestiftet. Als Borngart die erste reife Frucht roh verkostete, durfte ich mitspeisen. Sie schmolz in einem Strom von köstlich schmeckendem Saft dahin – es war die innigste Liebeserklärung des Gartens an uns beide, an den Pflanzengärtner und den Pflanzenmaler.

„Mit der Melone", meinte Borngart, „ist uns der Süden geschenkt, ein Süden von Mittelasien und dem tropischen Afrika. Sie ist der Liebling der mittelmeerischen und östlichen Völker. Das wahre Melonenland ist Persien, dort zieht man die feinsten Früchte. Mein persischer Mitgärtner im Traubenblättergarten von Konstantinopel hat mich in der Pflege unterwiesen; wir pflanzten vor allem die in der Levante heimische wachsgelbe, glattschalige Gurkenmelone, eine länglich-bauchige Frucht, deren Fleisch auf der Zunge zerfließt. Kommt sie noch gar geeist auf den Tisch, ist ihr Geschmack vollkommen. Ihr Mark, dem der besten Baumfrüchte ebenbürtig, ist von honigartiger Süße. Die Griechen gaben dieser himmlischen, sonnengekosten Gartenfrucht den Namen Melon, Apfel. Dieser Apfel ist der Götter würdig, doch ist es kein Apfel der Unsterblichkeit. Sein Fruchtfleisch ist empfindlich, leicht verderblich, es löst sich endlich auf, wenn es nicht rechtzeitig geschlürft und geschmaust wird."

Wir schlürften und schmausten die letzten Stücke; ich fühlte sie hinschwinden und vergehen wie eine süße Erinnerung. Endlich haftete an den Fingern noch ein wenig Saft und Seim, und als er an der Luft verdunstet war, nur noch Duft, Fruchthauch, Fruchtschmelz – nur noch fernster Süden, geahnter Osten.

Sternenstunde

Der Sommer stand in höchster Glorie im Land und rühmte sich mit Sonnen und Gestirnen. Die Kräfte der Erde sprudelten über. Von den Früchten tropfte der Saft. Die Nächte rochen nach Korn, Birnenblut und Staub. Bei Tage trieb in der Luft der Geruch von Weinlaub, Gemüse und Schweiß, vermischt mit dem trockenen Geschmack des Muschelkalks, auf dem dies alles gedieh, feurig wuchs und gezeugt wurde. Von Wallungen und Wandergesängen beunruhigt und getrieben, ächzte und schallte der Main.

Blickte ich nachts vom Amselberg auf sein Bett nieder, neckte er die Augen durch ein fischhaft leibweißes Schimmern und Hinperlen, als wenn sich Schwimmerinnen im Fluß die verlorene Perlenkette der schönen Sinn zuspielten. Durch Mondlicht und Wolkenschatten wähnte ich trunkene Nachtflößer hinfahren zu sehen. Pfeilschnell fegten sie an Dorines Sommerhügel vorüber. Sie schlief, die liebe Schläferin; der Amselberg wiegte sie unter der Mondwolke, während ich schlaflos umherirrte, über den Hügel lief und den wilden Birnbaum besuchte, der seinen Wipfel in die Milchstraße tunkte; oder ich schlenderte am Fluß, dem schweifenden Schreiber, der seine Wasserschrift, dem Land zum Gedenken, in die Auen und Fluren eingrub und den Fuß der Städte küßte. Das Schilf wisperte heimlich, zuweilen wirbelten Lichter aus den stillen Buhnen, während hinter ihren Steindämmen der wilde Bruder landhin eilte.

Die Lichtgewalt der Hochsommernacht machte das Körperliche durchscheinend und löste die Umrisse auf. Der Mond goß seinen unwirklichen Schein über die Höhen. In den Weinbergen schienen Schemen zu taumeln, in den Gärten Verliebte und Nachtversäumer zu liegen und den Sternen zuzutrinken. Die fränkischen Madonnen erwachten an den Brücken und Bildstöcken aus ihren frommen Träumen, lächelten in die Sterne und tauschten Grüße mit den sie umhuschenden Nachtschmetterlingen und Engeln.

Am nächsten Abend hatte ich die Absicht, noch ein wenig zu Borngart zu gehen, doch waren seine Fenster, als ich vor seinem kleinen Gärtnerhaus am Garten ankam, dunkel; er hatte sich bereits niedergelegt. Der Mond hing, ein glühender Geist, im Geäst des Waldes auf dem Amselberg. Im Garten schlummerten die Pflanzen, die Seime und die Säfte; ich roch den Majoran, den Fenchel und den Dill. Der Garten träumte mit all seinen Blättern und Gewürzen. Ich ging am Haus vorüber. Dorines Vater, der gerade sein Sehrohr aus dem Fenster stieß, blickte aus seiner Sternenstube herunter, sah mich und rief mich hinauf.

„Heute ist der 12. August", sagte er, als ich bei ihm eintrat und mit einem raschen Blick wahrnahm, daß Dorine nicht zugegen war; „kennen Sie die astronomische Bedeutung dieser Nacht?"

„Es fallen Sternschnuppen", antwortete ich; ich hatte gerade eine Schnuppe gesehen, als ich um das Haus bog, um den Weg nach dem wilden Birnbaum zu nehmen. Während das Licht aufblitzte und fiel, wünschte ich mir etwas, wünschte ich, morgen mit Dorine zusammenzusein.

„Die Tränen des heiligen Laurentius", sagte Herr von Heckenast. „Schon seit dem Jahre 830 sieht man sie fallen."

„Sind es Schmerzens- oder Freudentränen?" fragte ich ihn, der auf seinem Stuhl Platz genommen hatte und das Fernrohr einstellte.

„Was meinen Sie, Adventer?"

„Es werden Freudentränen über den Glanz des Himmels sein", antwortete ich.

„Ich meine", sagte er und drehte Schrauben und Gelenke, „es sind Schmerzenstränen über eine zerfallende Welt. Die Laurentiusschwärme sind Staubreste eines sich auflösenden Kometen. Alljährlich kreuzt die Erde auf ihrer Wanderung die Kometenbahn, und der Tränenregen stäubt ihr ins Gesicht. Mit ihrem wissenschaftlichen Namen heißen diese Sternschnuppen aber nicht Tränen des heiligen Laurentius, sondern Perseiden, weil sie aus dem Sternbild des Perseus herausstürzen."

„Perseus", sagte ich und dachte an die bunte Sternkarte aus dem Mittelalter, die mir der Astronom geschenkt hatte, „das ist der Krieger in der Himmelskarte, der über seinem Kopf den krummen Säbel schwingt und den rechten Arm auf den abgehauenen Kopf der Medusa stützt."

„Ich liebe dieses Sternbild. Perseus ist der Sohn der Danae und des Zeus, der als goldener Regen zu ihr drang. Der Heros am Himmel, Adventer, weint vielleicht auch zur Erinnerung an den göttlichen Regen. Er liegt in der Milchstraße, und auch diese ist, um beim Bild zu bleiben, ein Tränenstrom."

Er nahm das Auge von der Linse und wandte mir das Gesicht zu.

„In der Himmelsmitte befindet sich das Bild im Augenblick", sagte er und blickte in den Himmel hinaus. Dort erschaute ich ein großes und irres Geflimmer und Gewimmel, in das Ordnung und Ruhe zu bringen nur einem Gott möglich sein konnte. Aber von dem Wort des himmelskundigen Mannes geführt, fand ich mich in dem Wirrsal bald ein wenig zurecht und grüßte den hohen Krieger, den ich mir mit einiger Vorstellungskraft aus dem Sternenhaufen erweckte. Ich mochte nicht schwächer und ärmer an Einbildungskraft sein als die Alten, die das himmlische Bild geschaffen hatten. Ich mußte mir manches hinzudenken, doch nahm ich deutlich die gespreizten Beine, auch den gesenkten linken und den erhobenen rechten Arm des Heros wahr – und jetzt, o Wunder! entsprühte seinem Himmelsherzen, entquoll seinen Sternenaugen ein Feuerstoß von Tränen. Sie regneten in meine Augen und in mein Herz. Wie sie jedoch fielen und trieften, tauchte sogleich in mir ein anderes Bild auf, und die Antike zerfiel zu leuchtendem Staub. Der Sternenmann war nicht Perseus, und die Linke schwang nicht den Krummsäbel. Es war eine Gestalt meiner Heimat, wie ich sie so oft gesehen hatte. Ein Flößer war es, der über die Welt seine Fracht hinlenkte und sich an der Flößerstange in die Nacht emporschwang, indes sein geheimnisvolles Floß an einem himmlischen Amselberg vorüberjagte. Die Milchstraße aber, auf der er hinreiste, war ein entrückter Fluß, ein ewiger Main. Der Flößer Lichtenfels war es. Aus dem Sternenmeer winkte er herunter, und vielleicht rief er jetzt statt seines irdischen Fluches Feuerdunnerkeil ein Wunderwort in die Welt, das noch bis in die Sommernachtsgärten Frankens schallen mochte. Längst war er auf seiner Flußreise am Ziel angekommen und hatte alle Mühen und Gefahren glücklich überstanden. Nun rief er auch nicht mehr:

Holupp, ihr Leut, zieht ein die Häls,
Es kommt der Flößer Lichtenfels!

Zu einem Sternbild war er geworden, das seine Sternschnuppen und Meteore wie Gischt und Perlenzauber auf den heimatlichen Fluß und den Amselberg niedersprudelte.

Mit diesem Eindruck erhob ich mich, ich hatte am Himmel viel und genug gesehen.

„Ist es nicht wundervoll?“ fragte Herr von Heckenast. „Überkommt einen nicht ein Ahnen von der Unendlichkeit der Schöpfung?“

„Die Welt ist ein Abgrund von Bildern“, meinte ich zaghaft, mich wieder in der Sternenstube zurechtfühlend. Mir war zumute, als wäre ich plötzlich von weit her gekommen. Ich bedankte mich bei dem Astronomen für den Ewigkeitsblick und ging fort, denn er sagte, er wolle noch etwas über die Sterne nachsinnen. Dies sei sein Nachtgebet.

Die Schwarzwurzel

Borngart hatte in seinem Schloßgarten reichlich Platz. Er konnte deshalb Pflanzen anbauen, die viel Erde in Anspruch nehmen, und dies für lange Zeit. Nicht ängstlich brauchte er den Raum seiner Beete auszutüfteln, er mußte nicht mit jedem Fleckchen rechnen. Ein Stück des Gartens konnte nach der Ernte sogar brach liegen, damit es sich von seiner Leistung ausruhe, ehe es im übernächsten Jahr wieder bepflanzt würde. So machte es denn auch nichts aus, daß die Schwarzwurzel – wenigstens die beliebte dicke Sorte, die fleischig-wohlschmeckende – zweijährig ist.

Er hielt den Boden leicht, locker und gut feucht, damit die Wurzeln mühelos in die Tiefe wachsen konnten und keine Seitenwurzeln trieben, wozu sie ein harter, spröder Boden zwänge. Lang und schlank sollten sie werden, wie alles an der Schwarzwurzelstaude lang und schlank ist, auch der meterhohe Stengel und die schmalen Blätter. Die Pflanze, aus dem Geschlecht der Körbchenblütler, schmückt sich mit einer großen gelben Zungenblüte.

Die Wurzeln sind lang wie Stöckchen, braunschwarz von Farbe und innen elfenbeinweiß und milchig. Auf unseren Wiesen wächst ein naher Verwandter der Schwarzwurzel, der steife Wiesenbocksbart. Er blüht gleich der Gemüsepflanze gelb und bringt eine schöne Federfruchtkrone hervor, deren Form an das Licht des Löwenzahns erinnert, das von Wind und Kind ausgeblasen wird.

Die Schwarzwurzel sollte in meiner Bilderreihe aus Borngarts Garten nicht fehlen, und ich zeichnete sie.

Verwunderlich sei, meinte der Gärtner, daß die Köche den Wohlgeschmack der Wurzel erst spät entdeckten. Die Kochkunst scheint in mancher Hinsicht eine späte Kunst zu sein, auch eine nur strichweise ausgeübte. Die das Pflanzenreich ausforschende Phantasie des Kochs habe sich, wie es scheint, im allgemeinen nicht sehr früh entfaltet; manche Feinheit sei auch bald wieder verlorengegangen. Die Kunst der Gemüsezubereitung sei jedenfalls nicht allen Ländern und Stämmen in gleichem Maße zuteil geworden. Bei uns zulande verstünden zweifellos die Rheinländer und Mainfranken von der Zubereitung der Gemüsespeisen gründlich mehr als etwa die Altbayern oder die in den Alpen- und Waldtälern wohnenden Gebirgler Österreichs, die dafür wieder in der Herstellung von Mehlspeisen geschickter wären; sie alle aber seien, verglichen mit den Gemüseköchen Englands, große Meister.

Deutschland macht von der Schwarzwurzel erst seit

etwa 1770 Gebrauch. Damals kannten sie die Brabanter schon hundert Jahre. Vermutlich verdankt das belgische Volk die Kenntnis der Schwarzwurzel seinen spanischen Beziehungen – die Pflanze ist ein spanisches Gewächs.

Borngart hatte eine besondere geistige Landkarte; wie der eine die Länder nach Völkern und Rassen ordnet, nach Rohstoffen, Metallen und Ölen, so Borngart nach Gemüsepflanzen. Die Erde war für ihn dazu geschaffen, die Menschen zu ernähren – jedes Land hatte für ihn ein eigenes Pflanzengesicht, etwa ein Tomatengesicht, ein Maisgesicht, ein Zwiebelgesicht. Spaniens Züge wurden wesentlich durch die dort heimische Schwarzwurzel bestimmt.

Scorzonera hispanica ist ihr wissenschaftlicher Name; beim Zeichnen blieb er mir im Gehör. Der Name deutet die Herkunft der Pflanze an, zugleich eine Legende, die sich um sie gesponnen hat. Scorzonera soll von scurzo kommen, was Viper heißt. Spanische Vipernpflanze könnte man übersetzen. Sie galt als Heilmittel bei Schlangenbissen. Die Wurzel wurde auf die Wunde gelegt und soll geholfen haben. Einst half so manches, was in der neuen Zeit seine Kraft eingebüßt hat. Hoffentlich haben nicht zu viele gebissene Spanier für diesen Volksglauben büßen müssen.

Borngart meinte, hier spiele eine Ähnlichkeitsdeutung mit, die, im Sinn richtig, oft recht oberflächlich angewendet wurde. Die lange, fingerrunde, dunkle Wurzel mag mit einem Stück Schlangenleib verglichen worden sein. Die alten Pflanzenkundigen schrieben ihr auch die Kraft zu, das Gemüt aufzuheitern, die Traurigkeit zu verjagen und frohes Lachen auf den Mund zu zaubern. Sie war demnach ein Mittel für Schwarzseher, die hellen Auges in die Welt blicken sollten. Wie die schwarze Rinde abgeschabt wird, damit das weiße Mark zum Vorschein komme, so sollte die Wurzel die Dunkelheit des Gemüts vertreiben und das Innere der Seele auflichten. Sie ließ die Leute lachen.

Wenn sie wohlzubereitet auf den Tisch gebracht wird, hat man sicherlich Grund zur Erheiterung des Gemüts.

Die milchhaltige Wurzel wurde einst den Stillenden zur Vermehrung der Milch für die Neugeborenen empfohlen, und wirklich tranken in jener Zeit die Mütter in ganz Europa das Kochwasser der Schwarzwurzel. Es wird nicht überliefert, ob mit Erfolg. Von diesem Wurzelruhm ist nichts geblieben. Wir halten uns an den Wohlgeruch, wir Kenner. Die langen weißen Sprosse, mit gerösteten Semmelbröseln bestreut oder mit brauner Butter übergossen, munden wie Spargel. Ein feineres Wintergemüse gibt es wohl kaum.

Die Geschichte der Schwarzwurzel begann mit dem sechzehnten Jahrhundert, aber noch im zwanzigsten leben unter uns zahllose Menschen, die von dem Wohlgeschmack, der Bekömmlichkeit und den Gesundheitskräften dieses Wintergeschenks nichts wissen, die Wurzel nicht kennen oder sie geringschätzen. Ihr eigener Nachteil!

Der Pflanze zu Ehren zeichnete und malte ich mein Bild. Die Wurzel konnte ich freilich nicht mit abbilden, für sie war es noch zu früh im Jahr, doch ordnete ich die Darstellung so an, daß ich das Fehlende später nachholen könnte. Dann sollte es eine ganze und eine zerschnittene Wurzel sein, aus dieser sollte die Milch als ein rahmweißer Tropfen sickern. Der hohe, ästige Stengel mit seiner reichen Belaubung, den hellgrünen, lang auslaufenden, gespitzten Blättern dürfte die Aufmerksamkeit des Beschauers erwecken, die Einzelblüten an den langen Ästen würden ihm sicherlich gefallen. Sie krönten die Pflanze mit mehreren Krönchen. In ihrer schönen gelben Farbe hatte sich der gedämpfte Sommertag mit matt schimmerndem Gold verkörpert und eingeblüht.

Das Frankenbild

Ich traf Dorine am Gartentörchen und lud sie zu einem kleinen Nachmittagsweg zum wilden Birnbaum ein; ich wolle ihr etwas zeigen, schenken und sagen.

„Du machst mich neugierig, Adventer“, erwiderte sie; „was ist es?“

„Bis zum Birnbaum mein Geheimnis!“

„Nun bin ich noch neugieriger“, gestand sie. Aber zum Birnbaum wolle sie lieber nicht, Jute streife neuerdings mit dem Fernglas die ganze Gegend ab, da sie sich in ihrer Verliebtheit ihren Ull heranrücke. Sie seien einig!

„Davon weiß ich noch gar nichts!“

„Ull behält anscheinend sein Glück für sich.“

„Das ging schnell nach all dem Weh und Ach.“

„Das Brautbild ist fällig. Besorg dir einen großen Zeichenkarton, Jute braucht viel Platz! Sie ist darauf versessen, dir zu sitzen.“

„Das hat Zeit. Wie kam es denn?“

„Jute betrat den Garten, Ull sprang aus den Beeten, schloß sie in die Arme und küßte sie ab. Kurz und bündig.“

„Ein regelrechter Überfall!“

„Kein unerwünschter. Er hatte sich anscheinend vorgenommen, diesmal keine langen Worte zu machen, um nichts zu verderben.“

„Und Jute?“

Dorine lächelte überlegen.

„Aber Adventer, sie duldete die rohe Gewalt. Sie sagte zu mir, Ull sei ein ganzer Mann! Lustig, nicht? Als sie mit dem Küssen aufhörten, fingen sie vom Heiraten an. Sie einigten sich auf den Winter, weil dann die Gärtner genügend Zeit für sich selber haben.“

Ich glaubte meinen Ull nicht wiederzuerkennen.

„Hat er ihr was von seiner Erbschaft erzählt?“ fragte ich.

„Nein, kein Wort. Sein Hochzeitsgeschenk vermutlich?“

„Er ist wirklich ein Zauberer – und wird ihr ein Häuschen und ein paar Tausender vorzaubern.“

Dorine nickte und kam auf meine Einladung zurück.

„Sagen wir: um drei Uhr im Theater!“ schlug sie vor. „Ich bin gespannt darauf, was für ein Geheimnis du hast, Adventer.“

Ihre Augen waren forschend auf mich gerichtet. In ihrem innersten Licht zitterte ein heimlicher Schein, dem Nixenschimmer des Mains vergleichbar oder dem Glanz einer durchsichtigen, funkelnden Traubenbeere. Am liebsten hätte ich ihr mein Geheimnis jetzt schon enthüllt, so sehr berückte mich dieser Seelenblitz.

„Ja...", sagte ich.

Und Dorine ging über den Hof in das Haus zurück.

Nachmittags saß ich wieder wie damals, als ich die gedoppelte Dorine, die heitere und die ernste, zeichnete, auf der kleinen Bühne an meinem Arbeitstischchen. Zu ihrem Empfang hatte ich in meine Vase heute keinen Rhabarber gestellt, sondern einen Strauß von Sommerblumen aus dem Garten. Er durchduftete das verschollene Theater mit einem Hauch von Leben und Gegenwart. Ich wartete. Mit der Schwarzwurzel war ich fertig, ich hatte nichts Neues vorliegen, überdies wollte ich meine Bilderreihe bald abschließen. Ein oder zwei Pflanzen sollten noch dazukommen, dann hatte ich vor, mir neue Aufgaben zu stellen.

Jetzt knarrte die hölzerne Treppe; und wie wenn dieser Laut das alte Holzwerk und Gebälk aus seinem Mittagsschlaf aufgeweckt hätte, begannen nun auch die Zuschauerbänke zu knacken – oder hatten sich zu dem Auftritt, der nun seinen Anfang nehmen sollte, die Schemen der vergangenen Zuschauer eingefunden? Dorine erschien am Stiegengeländer. Ich eilte ihr entgegen. Es war genau drei Uhr.

„Auf die Minute!" rief ich.

„Ich mag weder dich noch mich warten lassen", entgegnete sie. „Zudem bin ich sehr neugierig."

Ich nahm sie bei der Hand, um sie zu meinem Tisch zu führen.

„Willst du nun Blumen malen?" fragte sie, als sie den Strauß sah. „Hast du genug vom Gemüse?"

„Bald! Du bringst mich auf etwas Neues, an Blumen hab ich mich noch nicht versucht."

„Sie würden deine geplante Bilderausstellung beleben", meinte sie. „Zum Spinat eine Tulpe, zum Salat den Rittersporn, zum Blumenkohl eine Rose..."

„Du machst dich über mich lustig, Dorine! Diesen Strauß stellte ich nicht für mich, sondern dir zu Ehren auf den Tisch."

„Wie feierlich!"

„Daran ist das Theater schuld", entgegnete ich, „am Birnbaum wär es einfacher zugegangen, dort hätten die Feldblumen für dich geduftet."

„Im Grunde aber...", sagte sie.

„Bleibt es das gleiche, was ich dir anvertrauen möchte", unterbrach ich sie, „ob hier oder dort!"

Ihr Gesicht wurde ernst, die Miene gespannt.

Ich nahm meine Mappe vom Tisch, trat zum zerschlissenen Flußhintergrund, hielt die Mappe in Augenhöhe und klappte sie wie ein Buch auf.

„Sieh, Dorine, was ich für dich gemacht hab!"

Und ihre Augen fielen auf mein Aquarell, das Frankenbild. Über den oberen Rand der Mappe blickte ich zu ihr und sah, wie ihr das blaue Feuer in die Augen schoß und eine plötzliche Röte ihre Wangen beglühte. Sie lachte, ein Freudenruf, mein Name, sprang von ihrem Mund. „Adventer!" rief sie und strahlte mich an, wollte zu mir laufen und blieb doch wie angewurzelt, von meinem Bild gebannt. „Das...", stammelte sie, „das, Adventer, hast du für mich gearbeitet?"

„Für dich!" wiederholte ich mit gedämpfter Stimme, als wäre es noch immer ein Geheimnis.

„Mein Bild", jubelte sie, nun ebenfalls die Stimme dämpfend, „die lachende Dorine, das Mainweinmädchen, wie du mich genannt hast! Aus dem Gedächtnis hast du mein Bild gezeichnet?"

„Aus dem Herzen“, gestand ich.

„Die schönen Farben!“ lobte sie. „Und wie zart alles getönt, und doch wie leuchtend! Wie ausdrucksvoll jeder Zug, wie sicher jede Linie, wie täuschend ähnlich hast du mich getroffen, Stirn, Augen und Gesicht! Genau so, in einer gelösten Welle, trug ich mein Haar als schöne Sinn. Und die erhobene Hand mit der Traube! Es ist wirklich meine Hand, es sind meine Finger!“

Vor Freude und echtem Entzücken klatschte sie wie ein verwundertes Kind in die Hände. Und ich war nicht weniger erfreut, zu wissen, daß mein Liebesbild bei ihr so großen Anklang fand.

„Adventer“, sagte sie heimlich, und in ihren Worten schwang ein zärtlicher Klang mit, „Adventer, du bist wahrhaftig der allergrößte Zauberer auf dem Amselberg. Wir haben viele dieser Art: Vater spielt mit Sternen und zaubert den Himmel in sein Sehrohr, Borngart zaubert Gemüse aus der Erde und erfreut damit die Leute, Ull zaubert seiner Braut zum Hochzeitsmorgen Geld und ein Haus in die Hand – du aber zauberst mich mir selber vor!“

Nun war ja wohl das Verslein angebracht, das ich mir aus Dorines Mund von der Perlenkette und dem wilden Flößer gemerkt und in dem ich, frei schaltend, ein einziges Wort durch ein anderes, auf mein Bild bezügliches ersetzt hatte. Und ich sagte zu der Begeisterten:

Ich geb eine schöne Traube dir,
Gibst du die Hand, die Ehre mir!

Ein wundersames Lächeln wehte über ihr Gesicht. Nachdenklich schaute sie mich dann einen Augenblick an, entgegnete aber nichts: in jenem Jugend- und Ferienspiel war wohl kein Vers enthalten, der jetzt gepaßt hätte.

„Was ist mit dieser Traube?“ fragte sie und spitzte den Blick.

„Du mußt sie aus der Nähe betrachten!“ antwortete ich.

Sie trat heran und erkannte nun deutlich, was alles ich in die Traube hineingebannt und -gespiegelt hatte.

„Oh!“ rief sie. „In der Traube steckt ja ganz Mainfranken. Ich sah es nicht gleich. Welcher Einfall! Wie fein und klein, die winzige Würzburger Residenz und die alte Mainbrücke mit den steinernen Heiligen, ein Stückchen Main dazu, die Feste Marienberg – Beere für Beere ein Bildchen; wunderbar klar, wie gestochen, und doch zurückhaltend gleich einer Erinnerung an die Traubenstraße Frankens. Und das ist das Rathaus von Ochsenfurt mit dem Dachreiter und der Uhr und der gotischen Freitreppe; man unterscheidet sogar die Steinmetzarbeit. Nein, wie du das ziseliert und gezeichnet hast, nadelfein. Der Falterturm von Kitzingen! Ihm ist der Wein zu Kopf gestiegen, er hat seine spitze Haube etwas schief aufgesetzt. Und hier, in dieser schimmernden Kugel von Gold und Beryll: das Rödelseer Tor in Iphofen. Stimmts, Adventer? Kenn ich meine Heimat?“

„Du kennst sie!“ erwiderte ich und blickte auf ihr weiches, zartes, geliebtes Haar und auf die Stirn ihres sanft geneigten Hauptes.

„Und weiter, lauter Perlen am Fluß. Reizend, wie du die Kette aufgelöst, ihre Kugeln zu einer Beerentraube zusammengefügt und mit innerlichen Bildern und Städteansichten gefüllt hast. Damit hast du den wilden

Lichtenfels übertroffen. Aber laß mich sehn, Adventer! Das Faltertor von Dettelbach und die Wallfahrtskirche bei dem schönen Mainstädtchen. Wie heißt sie nur? Ach, Sancta Maria in vineis, Heilige Maria im Wein! Eine Beere in der Beere. Ist es Muskateller?"

„Eine Traminertraube", sagte ich, „mit schönen, großen, durchsichtigen Beeren."

„Wieviel kann man doch herauslesen, eine richtige Beerenauslese! Hier ein Bildstock aus einem Weinberg, dort, mainüber, das mittelalterliche Städtchen Frickenhausen, umschlossen vom Steingürtel seiner alten Schwedenmauer."

Inzwischen waren mir vom Hochhalten der Mappe die Arme ermüdet, ich ließ sie sinken und legte die Mappe auf den Tisch.

„Eines vermisse ich", sagte Dorine, sich wieder über das Bild beugend, „und weißt du, was? Den Main in seiner ganzen Gestalt."

„Das ist nun wieder ein Geheimnis", sagte ich, „ein Geheimnis im Bild: er ist darin."

„Wo?" fragte sie. „Doch nur kleine Stückchen, Flußteile – unter der alten Mainbrücke, auch vor Frikkenhausen ..."

„Mein Bild ist anscheinend ein Bilderrätsel, Dorine. Strömt der Main denn nicht durch die Wölbung deiner Hand?"

Sie betrachtete die schlanke erhobene Hand. Daumen und Zeigefinger hielten den Traubenstiel mit der Traube, anmutig bog sich ein Weinblatt weg und schwebte in der Luft. Durch den Handbogen aber schlüpfte eine feine Ranke und zackte über das Blatt.

„Der Main!" rief sie, auf die hin und her schwingende Ranke deutend, die ich genau dem Lauf des Flusses nachgebildet hatte. Die Mainranke. Ihre Fingerspitze huschte auf dem Mainviereck des Spessarts und dem Dreieck des Maingebietes entlang bis zu den auszüngelnden Enden des weißen und roten Ursprungs.

„Wunderschön, Adventer! Und er fließt, wie die Sonne geht, von Osten nach Westen. Ein gescheiter Einfall, den Main als Traubenranke zu sehen. Er geht ja auch mitten durch Tausende von Weinbergen."

„Nun ist noch etwas darin", bemerkte ich.

„Es ist wirklich ein Geheimnisbild", meinte sie und blickte noch einmal genauer hin.

Sie sah hin und schaute mich wieder an; längst hatte sie, was ich meinte, bemerkt, ihr Gesichtsausdruck verriet es, nur wollte sie es anscheinend nicht eingestehen – sie mußte es wirklich wahrgenommen haben, befand es sich doch mitten unter den Bildern und kleinen Stichen: unser Doppelbild in einer Beere, sie und ich in der Traube, ihr Gesicht bei meinem, Kopf an Kopf – wie ein Liebespaar in einem Medaillon.

„Ich seh es", gestand sie, „es ist wunderfein, ein Kunstwerk im Kunstwerk. Wie recht hatte ich doch voriges Jahr, dich um Geduld zu bitten, als du mich auf dem Gartenturm zeichnen wolltest und es nichts wurde. Und heute, nach kaum einem Jahr, gelingt es dir schon meisterlich, und dazu aus dem Gedächtnis. Aber warum hast du unser Bild in die Traube getan? Was tun wir unter all den Orten und Bildstöcken?"

„Was wären ohne uns der Wein, das Land und seine Schätze? Wir gehören dazu! Die Traube versinnbildlicht die Feuerseele des Landes, die gütige Sonne, die bevorzugte Erde; die Bilder bedeuten den Feuergeist unseres Stammes, wie er sich in Schlössern, Brücken, Toren, Städten und Dörfern verkündet. Alles bindet die Schnur des Flusses, die Ranke des Wassers. Und uns dazu. Deshalb müssen wir in der Traube sein."

„Wieder ein Geheimnis!" meinte sie.

„Und nun noch ein letztes, Dorine", sagte ich und umfaßte sie mit zärtlich verlangendem Blick.

Aber ich kam nicht dazu, es auszusprechen. Plötzlich lag Dorine an meiner Brust, ich umschlang sie liebend. Auf dieser kleinen, ausgedienten Bühne, deren Bretter knisterten und seufzten, brauchten wir nun kein Stichwort mehr. Unsere Herzen hatten es bereits einander zugerufen. Vor der zerschlissenen Flußlandschaft und den leeren Bänken wurden wir zu einem vergessenen, verschollenen Liebespaar. Ich setzte mich und zog Dorine zu mir. Nun sagte ich es doch, das Geheimnis. „Ich hab dich lieb, Dorine", sagte ich, „und ich liebe dich!"

Sie schmiegte ihre Wange an meine Wange, Gesicht zu Gesicht – so glichen wir ganz unserm Doppelbildnis in der Beere. Ich fühlte nur Süße, Glanz und Feuer, dem Traubenkern gleich, den der Rausch wiegt und der Himmel durchfeuert.

Ich erzählte ihr, daß ich sie schon seit langem liebte, bewußt sei es mir an jenem Abend geworden, als ich in der Sternenstube ihres Vaters durch das Sehrohr nach dem Mars geblickt hätte.

„Warum hast du es mir nicht früher gesagt, da ich dich schon so viel länger lieb habe? Wir hätten nach meiner Rückkehr einen schönen Frühling gehabt!"

„So werden wir einen ebenso schönen Nachsommer und Herbst haben", meinte ich. „Wer liebt, ist überdies immer im Frühling und Sommer."

„Ich hätte dich wahrscheinlich auch nur bei deiner Arbeit gestört..."

„Du machtest dich recht selten!"

„Eben deshalb, Adventer. Ich dachte an deine Ausstellung..."

Sie küßte mich.

In diesem Augenblick schallte aus dem Garten ein kleiner Schrei, als wenn Jute über etwas erschrocken wäre. Dorine sprang auf und beugte sich aus dem Fenster. Ich trat hinzu, und wir sahen, wie Jute und Ull verlegen in den Bohnen standen, wo sie sich anscheinend geküßt und geherzt hatten und dabei von Borngart überrascht worden waren. Dieser drohte ihnen lachend mit erhobenem Finger und rief seinem Gehilfen zu:

Fritz, Fritz, Kartoffelschnitz,
Geh mir nicht in die Bohnen!
Wenn der Kaiser Friedrich kommt,
Schießt er mit Kanonen!

Ull aber, nicht ein bißchen verlegen, antwortete ihm mit einem Spruch, der sich anscheinend auf Gärtnerei und Kohl bezog:

In Gottes Namen!
Rippen, Rappen,
Sollt mit mir auf die Hochzeit tappen!

und hängte einen ausgelassenen Freudenschrei daran. „Juchhe!" rief er, schwenkte fröhlich seinen Gärtnerhut zwischen den Bohnenstangen, blickte herauf und deutete lachend auf uns.

Sellerie

Tausend Schwalben zogen ihre Schleifen über dem Main und dem Amselberg. Wie auf Vogelflügeln enteilt die Zeit den Liebenden. Unser Zeitvogel glänzte von bunten Federn und hatte einen Schnabel von Wohllaut. Sein goldenes Nest lag auf dem Amselberge.

Wenn noch der Garten im Morgentau glitzerte, sprangen Dorine und ich in die erfrischte Welt hinaus, eilten über den Hügel und schauten über die Weinberghänge, wo sich der Amselwein seine letzte Süße gewann, dem Fluß entgegen, der wie ein geschmückter Held des Wassers daherkam, und unsere Blicke tauchten in das Land, das sein Antlitz offenbarte und klärte, bis es hell und strahlend erschien – oder wir liefen am Hügel hinunter, zu dem ich aus meinem Ort schon in aller Frühe hinaufgegangen war, stürzten uns in den Main, schwammen miteinander um die Wette und küßten uns, von den Perlen des Flusses überrieselt, wir glücklichen Flußuferläufer im Schilf. Manchmal hatte ich meinen Block mit und zeichnete Dorine, wie sie aus dem Wasser auftauchte und die kleinen Wellen mit Falten und Linien von ihr wegflossen. Wir dachten auch an das Spiel von der Nixe Sinn und dem wilden Flößer, die zusammen mainab auf die Reise gegangen waren … Dann begannen wir unser Tagewerk.

Ich mochte mir für meine Bilderreihe den Sellerie nicht entgehen lassen, der strotzend auf den Beeten hockte und seine rübendicke runde Wurzel in die Erde eingebettet hatte. Ull ließ noch immer nicht von seinem

Geisterglauben, wiewohl er sich doch jetzt an das warme, feste Leben halten konnte. In einer Geschichte, sagte er, werde ein Mädchen, das den Sellerie aus dem Boden heben wollte, von der Pflanze in das Grundlose hinabgezogen. Borngart, den ich gegen solche Beschwörung der Unterwelt in meinem lichten Liebestag zu Hilfe rief, deutete den Märchensinn. In der Antike war die Pflanze ein Totengewächs, man nannte sie Eppich, bestreute Gräber damit, wand Kränze von ihr und umschrieb das Schicksal unheilbar Kranker mit dem Satz: ‚Er braucht nur noch den Eppich!'

So mochte es auch mit jenem Mädchen in Ulls angedeuteter Geschichte zugegangen sein. Sie hatte das Los des Todes gezogen. Erinnerte das dunkle Grün des Krautes an den Schatten und die Verdüsterung, oder war die Wurzel des wilden, salzliebenden, meerstrandbewohnenden Selleries gemeint, die giftig ist? In Ägypten fand ein deutscher Altertumsforscher in einem Sarkophag eine Mumie, deren Brust mit blühenden Selleriesprossen geschmückt war. Sollte die Schläferin etwa Ulls Märchenmädchen gewesen sein?

Doch ändern sich die Zeiten mit ihren Toten und Lebenden, auf die Blätter werden andere Namen gesetzt, andere Vorstellungen daran geknüpft, aus dem Todeskraut wurde eine Lebenspflanze. In der langen Rangstufenleiter der Küchenpflanzen ist der Sellerie, der Kraut und Wurzel gewährt, zu einer Großmacht geworden.

Doch ist es nicht gar so überlange her, daß dem Sellerie dieser Rang zuerkannt wurde. Noch in der Mitte des sechzehnten Jahrhunderts wurde er ausschließlich als Heilpflanze in den Gärten gehalten, und selbst unsere berühmten alten Botaniker, wie Fuchs und Clusius, wissen von ihm keine andere Eigenschaft.

Diese Heilkraft – gegen Gicht, Rheumatismus, Neigung zu Steinen, Harnsäure und Nervenschwäche – besitzt die Pflanze noch immer. Ihr die Heilsamkeit auch zu erhalten und zu verstärken, war Borngarts Bemühen. Und damit spielte seine reinliche, gute Düngekunst in die Heilkunst hinüber. Auch am Sellerie, den ich behäbig auf mein Malblatt setzte, erfüllte er das Gebot seines Meisters Paracelsus, der gelehrt hat, die Speisepflanzen zu Heilpflanzen zu adeln.

Nun würde bald der Sellerie aus dem Boden gezogen, gereinigt, seiner Blätter bis auf die Herzknospe entkleidet und für die Unterwelt des Kellers und das Sandbett vorbereitet werden. Die ersten Knollen waren bereits versucht und als reif befunden worden.

Der Zeitvogel schien mir da auf einmal für meine Arbeit viel zu schnell zu fliegen: er verlor die erste bunte Feder, am Mauerspalier verfärbte sich ein Blatt, bald ein zweites, und bald waren es viele.

Weißkraut, Rotkraut, Rosenkohl

Bald waren es viele bunte Blätter, und bald waren es alle. Das Gärtner- und Gartenjahr war zu Ende, es hatte sich gerundet. Aber auch das Jahr des Pflanzenzeichners war abgeschlossen. Ich hatte meine vielen Blätter, den Ertrag aus Borngarts grünem Reich, samt den Darstellungen von Dorine, die ich mir von ihr auslieh, zusammengepackt und nach Würzburg zur Ausstellung fränkischer Malerei und Zeichenkunst geschickt. Nun mochte sich zeigen, ob sich meine Arbeiten im Wettbewerb behaupten würden.

Ich strich durch den Garten. Die Erde ruhte einsam wie eine alte Mutter, deren Kinder in die Welt gezogen sind. Früchte und Pflanzen waren ihr genommen. Nur die Kohlpflanzen harrten noch bei ihr aus, und schon regten sich als zarte Versprechungen des künftigen Lebens der keimende Winterspinat und der treue Rapunzel. Sie war nicht ganz arm. Der Lauch, dicht geschart auf einem langen Beet sich drängend, war auch noch da. So knüpfte sich an das Alte das Neue.

Die Beete lagen grobschollig umgestochen. Gärtner Borngart und Ull hatten die blitzenden Spaten in die Erde gestoßen und überblickten das abgeerntete Reich. Fett, wie von Öl und Schmalz durchschmolzen, glänzten die Schollen, die schweren Spatenwürfe. Zur Gründüngung hatte der Gärtner auf einige andere Flächen Wicken angesät und sie nun, da sie kniehoch herangewachsen waren, mit dem Spaten flach zur Erde geschlagen, wo sie liegen blieben, damit auch sie durch Verwesung zur Humusbildung beitrügen. Der Nebel feuchtete die Beete. Er zog vom Fluß herauf, der sich träge hinwälzte. Die letzten tropfnassen Blätter stöberten von den Zweigen.

Gerundet war das Jahr, gerundet auch der Kappes, der Kabis, der Kopfkohl. Ull hatte schon Körbe voll der bleichen Köpfe ins Haus getragen, um sie einzuwintern. Und er türmte die blauvioletten Köpfe des Rotkrautes dazu. Nun mochte der Winter kommen. Ull würde nach seiner Hochzeit im letzten Jahresmonat, zu Neujahr, drei Gefäße auf den Tisch stellen, das eine mit Wasser, das zweite mit Sand, das dritte mit geschnittenem Weißkraut gefüllt. Verbundenen Auges wird er dann zugreifen. Erwischt er Sand, so wird ihm das ganze Jahr Geld mangeln. Spürt er Wasser, bekommt er Zahnschmerzen, Rheumatismus oder Schnupfen. Taucht er die Hand aber in das Kraut, so gibts im Lauf des Jahres eine Kindtaufe. Er war nicht nur abergläubisch, sondern auch zuversichtlich: bald würde er seine Jute heiraten. Mit Jahresende sollte ein neues Leben beginnen. Er hielt es wie der Garten, der in aller Ruhe bereits Träume von neuen Taten und Zuchten spann, während er zugleich seine Kraft und Fruchtbarkeit erneuerte.

Auch der Gemüsestreit zwischen Jute und Borngart war nun ausgetragen und beendet. Der Gärtner hatte sich mit ihr versöhnt. Für gewöhnlich besorgte eine Frau aus dem Ort seine kleine Wirtschaft und kochte für ihn, so wie er es haben wollte. Als aber die Frau eines Tages erkrankte und nicht zu ihm hinaufkommen konnte, wäre er ohne Mittagessen geblieben, hätte nicht Jute sich seiner angenommen. Sie hatte ihr Küchenstücklein mit Ull abgekartet. Da kam sie denn zu Mittag in seine Stube im Gärtnerhaus gerauscht und brachte einen verlockenden Geschmack hinein: Tomatensuppe, wie Borngart sie schätzte, Salat von Chicorée, zu dem sie sich bekehrt hatte, Schwarzwurzeln mit brauner Butter und Kartoffeln, Maronenspeise als Nachtisch und ein Gläschen Apfelsaft. Mit gelindem Mißtrauen verfolgte Borngart ihr Tun. Eine Fleischspeise war nicht dabei, stellte er mit Befriedigung fest. Dennoch blieb er mißtrauisch gegen die Zubereitung des Essens. Er bedankte sich zwar für die freundliche Versorgung, versagte sich aber, ein Wort über die Zurichtung zu verlieren. Er vertraute sich lieber seinem Gehilfen an. Dieser erzählte seiner Zukünftigen haargenau, wie Borngart vorsichtig gekostet und das Essen geprüft, wie er Zutrauen gefaßt, mit Genugtuung sich bedient, eine reichliche Mahlzeit zu sich genommen und was er dazu gesagt habe.

„Mir hat es geschmeckt", meinte er zu Ull. „Ihre Heiratsabsichten haben mir ziemlich Sorge bereitet, ich sah Sie schon durch eine künftige untaugliche Ernährung frühzeitig ins Gras beißen, denn Jute war, was das Kochen anlangt, stets anderer Meinung als ich. Nach dieser Kostprobe sind aber meine Bedenken gegen sie zerstreut – Sie können sie ruhig heiraten. Ich ändere nun meine Meinung über Ihre Jute: es war für mich eine besonders angenehme Überraschung, daß der Chicorée nicht mit zu scharfem Essig, sondern besser reichlich mit Würzkräutern angemacht und die Schwarzwurzel nicht in einer Mehlschwitze ersäuft war. Hüten Sie sich zeitlebens vor der Mehlschwitze, Ull: dieser Tapetenkleister ist die trübe Quelle von Magenverstimmungen. Und das bringt Ärger. Warum sind denn so viele Männer mißmutig? Weil so schlecht gekocht wird und die Magenleiden um sich greifen. So, mein Lieber, nun sind Sie aufgeklärt und können meinetwegen in den Stand der Ehe treten. Wenn Sie Wert darauf legen, stelle ich mich als Ihr Trauzeuge zur Verfügung."

Ull, einziger Zeuge dieser denkwürdigen Mittagsstunde, nickte, eine Träne im Augenwinkel, gerührt und eilte beflügelten Fußes als ein strahlender Sendbote des Friedens hinweg zu Jute ins Haus, und damit war, dank der Schlauheit und Tüchtigkeit der Köchin und der Einsicht Borngarts, Eintracht und Ruhe zwischen Küche und Garten hergestellt. Alle freuten sich darüber.

Und wie sah es im Garten selber aus? Die letzten Zeugen vergangener Pracht in seinem Reich, die letzten Freuden des Gärtners waren der rundköpfige Weißkohl, der blaurotwangige Rotkohl und der knospige Rosenkohl. Die Köpfe ruhten nebelbesickert im Korb ihrer Außenblätter. Der Rosenkohl stand auf seinem langen Vogelbein und schlug mit den Schopfblättern, wie um aufzufliegen. Doch blieb er dem Boden treu und ließ die Röschen knusprig schwellen. Der kräftige Stengel war mit serpentingrünen Rosenbroschen überkrustet. Eine Pflanze reihte sich an die andere, es war eine ganze hochbeinige Schar. Jetzt und im Winter würde man die Röschen brechen und Ull sie seiner Angebeteten in die Küche bringen. Sie hatte es nicht mehr nötig, sich in den Garten zu bemühen, seitdem er, der verliebte Gärtnersmann, offen in ihren Dienst getreten war.

Die Bilder vom Rosenkohl und vom Weiß- und Rotkraut sollten mein Abgesang an den Garten werden. Ich würde sie dem Gärtner stiften, der mich während des Jahres so oft mit seinen Gaben erfreut hatte. So ging ich zu Kohl und Kraut und setzte mich zu ihnen. Auch sie waren schöne, eindrucksvolle Gestalten.

Das Röschen des Rosenkohls ist nichts anderes als eine zierliche Knospe, die sich leicht entfaltet, doch darf sie nicht flatterig werden. Knospenbildungen sind auch der Weißkohl, das ‚Kraut', und der Rotkohl, das ‚Rotkraut'. Sie sind groß, feist, dickschädelig und fest geschlossen. Je härter, um so besser. Ihre Rundköpfe hatten sich trefflich genährt. Achtbare Bürger des Gemüsestandes waren sie, dicke Gesellen mit kräftigen Rippen, die sich durch das Gewicht ihrer Persönlichkeit Geltung verschafften.

Die dicken Kohlköpfe bestehen gleich der Zwiebel aus Blättern. Eines ist in die schüsselartige Wölbung des andern hineingepreßt. So bilden sie zusammen eine harte Kugel. Bekömmlicher allerdings sind die nicht durch Jauchung auf Größe gezüchteten Köpfe – und diese kleineren, aber feineren Kugeln mag Borngart.

Mein Abgesang an den Garten wäre nicht vollkommen, fehlten in ihm Ull und Borngarts Stimmen. Als erster mischte sich Ull ein. Der begehrte Kohl, versicherte er, sei nicht nur die Lieblingsspeise der Raupen und Hasen, auch die Spitzbuben äßen ihn gern. „Einst ging nachts ein Mann aus“, erzählte er, „um Kohl zu stehlen. Er sagte zu sich: ‚Es sieht mich keiner, ich kann mir den Hafersack füllen.‘ Da trat aber der Mond hinter den Wolken hervor und sagte zu dem Dieb: ‚Ich seh dich!‘ Und mit seinen langen Geisterarmen hob er den Mann mit dem gestohlenen Kraut zu sich empor. Seitdem steht der Kohldieb im Mond, aller Welt sichtbar.“

Nun ist aber noch genug Kohl auf Erden verblieben, und ihn recht kräftig und wohlschmeckend heranzuzüchten ist Ulls Freude und Borngarts Wunsch.

„Ein alter Brauch empfiehlt“, will der Gehilfe wissen, „einen dicken Stein in die Beete zu legen, damit die Pflanzen an ihm ein Vorbild haben und sich anstrengen, ebenso dick zu werden. Aber am besten verfährt, wer am Himmelfahrtstag beim Glockenläuten den Kohl aussät. Dann werden die Köpfe groß wie Glocken."

Ull scheint von dieser Empfehlung jedoch nichts zu halten, sonst hätte er doch wohl einen Versuch gemacht. Aber auch so schwollen die Köpfe auf den Beeten zu bewundernswürdiger Größe.

„Noch eine Schnurre", sagte Ull, „damit Ihnen die Zeit nicht zu lang wird: Im August finden sich alle Kohlköpfe zu einer großen Versammlung ein. Sie beraten dann darüber, welche von ihnen die dicksten Köpfe tragen müssen. Die dazu Erwählten wachsen darauf Tag und Nacht, um sich der Auszeichnung würdig zu erweisen."

Zu Weihnachten soll man Kraut essen, damit einem das Geld nicht ausgeht, ebenso zur Fastnacht; dann ist es besonders für den Bauern nützlich: der Fuchs wird kein Huhn erwischen.

Ull ist ein großer Freund von Sauerkraut, am liebsten ißt er es roh, aber Wacholderbeeren müssen darin sein. Jute wird ihm künftig aufkochen, und bis dahin werde ich auch das Rätsel gelöst haben, das er, der Rätselmacher, mir aufgab und das also lautete:

Das erste frißt,
Das zweite ißt,
Das dritte wird gefressen,
Das Ganze wird gegessen.

Ich würde meinen Scharfsinn anstrengen, die Nuß zu knacken, jetzt aber mußte ich arbeiten und schickte ihn weg. Doch sollte er das letzte Wort behalten – noch war er nicht Ehemann! – und rief: „Lauter Kohl!", packte seinen mit Kohlköpfen beladenen Korb, der unter dem Gewicht krachte, und zog damit ab.

Nur jetzt keine Kohlgeschichte mehr, wünschte ich, als sich Borngart näherte. Ohne es zu ahnen und zu wollen, löste er statt meiner das Rätsel.

„Sauerkraut!" sagte Borngart. „Wie ausgezeichnet schmeckt rohes Sauerkraut, wie trefflich Salat davon, wie abscheulich aber das widerlich schmierige, mit Mehl aufgekochte Kraut! Unser Mittagstisch wäre beklagenswert, hätten wir nicht öfters Sauerkraut mit Wacholderbeeren und Koreander. Lassen wir uns getrost Choucroute-Mann nennen, Sauerkrautesser! Im so scheltenden Frankreich ißt man kaum weniger Sauerkraut, und dort leben gerade die ältesten Leute in den Gegenden, wo fleißig Sauerkraut gegessen wird. Es ist nämlich ein Heilmittel. Die Milchsäure der Krautbrühe beseitigt Fäulnis und Entzündungen. Kneipp gebrauchte das Kraut gegen Gicht. Es reinigt Blut, Leber, Niere, fegt den Darm, ordnet ihn. Aber dazu muß man ein Kraut haben, das reine Kräfte birgt und nicht in Fäulnis und Jauche oder in anderer Weise groß aufgebläht wurde. Sonst wiederholt es nur, was es kennen lernte: Fäulnis und Aufgeblähtheit."

„Wie kommt es aber", fragte ich, erheitert über seine Krautrede, „daß die Leute bei uns im Frankenwald sagen:

Kraut
Füllt die Haut,
Schwächt die Bein,
Macht die Backen klein – ?"

„Weil der Nährwert des Krautes gering ist", entgegnete er. „Hochwertig aber ist es an lebenfördernden Vitaminen. Ein Weißkrautblatt hat davon sogar mehr als die reiche Zitrone, wenn man davon absieht, daß es auch Zitronenarten ohne Vitamine gibt."

Und er bückte sich, nahm einen Krautkopf auf die flache Hand, hob ihn auf und klopfte mit dem Knöchel dagegen.

„König Dickkopf!“ sagte er. „Ihn wird niemand absetzen, solange die Welt besteht. Wer sich unter seinen Schutz stellt, dauert mit ihm aus und übersteht ungezählte Winter, so wie das Kraut selber dem Winter widersteht!“

Übermütig setzte er die Kugel auf seinen Kopf, so daß er zwei Häupter hatte, ein herbstliches und ein winterliches. „Ich bin ein netter Choucroute-Mann!“ verkündete er, und seine Stimme schallte wundersam fröhlich durch den herbstleeren Garten.

Humus und Licht

Als ich von einem Abstecher nach Würzburg zurückgekommen war, wohin man mich gerufen hatte, ging ich zum Amselberge. Die Nachmittagssonne des Novembertags überschimmerte mit ihrem matten Licht den Fahrweg. Das Land lag verödet, einsam und windüberspielt. Grau blinkend floß der Main. Die fernen Berge hatten sich ihre Waldkappen über die Stirnen gezogen.

In meinem Sinn war es hell. Ich freute mich, wieder daheim zu sein und zu meiner Arbeit zu kommen. Auch würde ich nun Dorine bald wiedersehen. Ich schaute zur Gartenmauer, die sich ein Stück über den Hang zog, und bemerkte plötzlich auf dem sich gegen den klaren Himmel abzeichnenden Eckturm des Gartens eine

Gruppe von fünf Personen, drei Männer und zwei Frauen. Zugleich sah ich, daß einer von ihnen eine kleine grüne Fahne schwang und am Turmgeländer befestigte. Weich bewegt lag sie im Wind.

Nicht lange brauchte ich zu raten, wer diese Leute seien, erkannte ich doch genau einen rundlich dicken und einen langen, dürren Gartengott, auch eine stattliche Köchin, einen leicht gebückten Astronomen, der das Gewicht eines unsichtbaren Himmelskörpers auf seinen Schultern zu tragen schien, und ein junges Mädchen in einem graufarbigen Wintermantel. Jetzt wandte sich die Stattliche um und spähte mir mit ihrem Fernglas entgegen. Wie sie sonst immer ihren Ull heranrückte, so galt nun mir ihre Bemühung. Kaum hatte sie ein paar Sekunden lang auf mich gestarrt, wedelte sie heftig mit dem freien Arm, um die andern auf mich aufmerksam zu machen, und ich glaubte zu hören, wie sie ausrief: „Er ist es!“ Rasch nahm ihr da das junge Mädchen das Glas aus der Hand und blickte seinerseits auf mich, wobei ich nichts anderes tun konnte, als vorsichtig eine ganz kleine Kußhand, mehr ein Kußhändchen, der Fernbeschauerin entgegenzuschicken und sogleich mit den Händen ein wenig in der Luft herumzufuchteln, damit die anderen, die mit unbewaffneten Augen mir entgegenblickten, das Kußhändchen nicht merkten.

Das Mädchen aber wandte sich von mir schon wieder ab und gab das Fernglas an Jute zurück. Sie hatte demnach genug gesehen.

‚Er ist es!‘ sagte ich mir und verwunderte mich über diese Zusammenkunft, auch daß die türkische Fahne aus der ‚Waffenkammer‘ ausgehängt worden war.

Mich konnten sie nicht erwarten, da ich ihnen meine Ankunft nicht mitgeteilt hatte, auch hätte nicht meinetwegen die alte Türkenfahne gehißt zu werden brauchen. War etwa heute Polterabend? Dann käme ich gerade recht. Meine Mutter hatte zwar zu meiner Rückkehr einen Kuchen gebacken; wenn es jedoch darauf ankäme, schlüge ich auch bei Jute keinen aus.

Ich beeilte mich, und als ich zum Turm kam, schallten mir fröhliche Rufe entgegen. Ich hätte nie erwartet, daß Ull wie ein Sturmvogel schreien könnte. Umsonst hatte er aber seinen Vogelkopf nicht.

„Willkommen!" schmetterte er. „Hoch Adventer!" riefen sie alle, und „Glückwünsche!" – „Bravo!" –, und Dorine: „Herrlich, in der Zeitung steht es!", Borngart schwang seinen Hut, und über allen flatterte das verschossene türkengrüne Fähnchen. Jetzt hob der Gärtner seinen kriegerischen Messingschild und schlug mit der flachen Klinge des Türkensäbels dagegen, einmal, zweimal, dreimal, es gab einen Ton ähnlich wie von einem Gong.

Da alles mir galt, wollte ich es auch genießen. Gleich einer ganzen ruhmgekrönten Schar zog ich am Turm vorüber, dankte fröhlich, winkte – eine gelbrote Chrysantheme aus Dorines Hand flog herunter, ich fing sie artig auf und grüßte mit der Blume empor. Ull schickte ein paar Rosenkohlblätter nach und Jute, das Fernglas in der Hand, ein helles Lachen.

Dann trat ich in den Garten, alle kamen vom Turm, als erste Dorine, die mir entgegensprang und mir zuflüsterte: „Lieber" – und wieder gedämpft: „Du Guter!"

Nun hatte ich noch Hände zu schütteln und durcheinanderschwirrende Ausrufe und Begrüßungen anzuhören, endlich konnte ich auch ein paar Worte sagen: „Woher erfuhren Sie von meiner Rückkunft?“

„Ich habe“, sagte Borngart, „den Gemeindediener beauftragt, Ihr Kommen sogleich telephonisch zu melden, damit ich rechtzeitig die Siegesfahne entfalten könnte, die grüne Fahne des Gärtners und auch des Malers, denn Ihr schönes, natürliches Grün hab ich immer als waschecht und saftvoll empfunden. Das haben Sie bestimmt von mir, und also ist mein Garten nicht ganz unbeteiligt an Ihrem Erfolg, haben Sie mir doch auch meine feinsten Pflanzen abgeguckt. Und nun erzählen Sie, wir sind sehr neugierig.“

„Ja!“ sagte Dorine.

„Ja!“ rief Jute.

„Jawohl!“ Ull.

Herr von Heckenast blickte mich wohlwollend an.

„Wissen sie, Adventer“, fragte er mich, „in welcher Zeit wir eigentlich leben?“

„In der Zeit des Erzählers, der Vergangenheit...“, erwiderte ich scherzend.

„Ach wo, Sie erzählen ja noch gar nicht!“ entgegnete er. „In der Zeit der Leonidenschwärme. Die müssen Sie sich heute abend bei mir ansehen. Sie sprühen durch den Himmel.“

„Für dich“, meinte Dorine, „ein Feuerwerk!“

Ihren Worten entnahm ich eine versteckte Einladung.

„Das möchte ich gern sehen“, erwiderte ich.

Und dann erstattete ich Bericht.

Es sei eine reich beschickte und schöne Ausstellung gewesen. Meinem Frankenbild, Dorine mit der Traube, sei ein Preis zugesprochen worden.

„Geld?“ krähte Ull dazwischen.

„Endlich ein Würdiger!“ rief Borngart.

„Die Stadt Würzburg und der Verkehrsverein wollten das Bild ankaufen, ich habe es aber abgelehnt“, berichtete ich weiter.

„Abgelehnt?“ rief man. „Ist es möglich?“

„Das Bild ist bereits Eigentum von Dorine“, entgegnete ich. „Auch konnte ich nicht wünschen, daß ihr Gesicht an die Plakatsäulen geklebt werde. Daraufhin hat der Verkehrsverein ein neues Bild in Auftrag gegeben.“

„Auch gut! Man soll den Pfannkuchen nicht kalt werden lassen“, meinte Borngart.

„Das ist aber noch nicht alles. Die Gartenbaulehranstalt von Veitshöchheim hat meine Gemüsebilder erworben.“

Diese Mitteilung ließ die Freude und Begeisterung meiner Zuhörer überströmen. Am liebsten hätten sie mich umarmt, wenigstens machte Ull Anstalten dazu. Er klatschte sich dann aber lieber auf die Schenkel und hüpfte wie ein Medizinmann im Beschwörungszauber.

Borngart konnte sich über den Kunst- und Gemüseverstand der Gartenbaulehranstalt kaum fassen, er lobte sie über die Hutschnur. Noch manches zufriedene und anerkennende Wort wurde getauscht, ehe die Gruppe sich auflöste und jeder wieder seiner Beschäftigung nachging. Dorine erinnerte mich noch an die Leoniden und verließ mit ihrem Vater und Jute den Garten. Auf dem Turm wehte die Fahne, und am Geländer lehnten Messingschild und Türkensäbel.

Ich ging zur Orangerie, da ich von meinem Arbeitstisch auf der Bühne meinen Farbkasten holen wollte.

Nicht sogleich kam ich wieder heraus, die Tafel Weißkraut, Rotkraut, Rosenkohl geriet in meine Hände; sie war noch nicht fertig, und ich machte mich daran.

Als ich wieder in den Garten kam, fand ich Borngart mit Ull bei den Komposten.

„Wir machen wieder Erde", sagte der Gärtner. „Damit beginnt und damit endet das Jahr."

Die Abfallhügel hatten sich vergrößert, dürres Laub war zusammengeschüttet, Blätter von Buche, Birke und Hasel, auch Laub von Obstbäumen, Kastanien und Platanen. Die braunen Blätter bargen die Sonnenkräfte des Jahres, die reinen Stoffe der Lüfte, die geläuterten Salze der verwandelten Erde. Daneben lagen auch Haufen von Gemüseblättern, vermengt mit Stroh, Gras und allerlei Abfall.

„Laubkompost gibt eine besonders feine und kräftige Düngererde", sagte Borngart. „Wir haben reichlich Birkenlaub daruntergemischt; die Birke, noch im Vollbesitz ursprünglicher Kräfte, ist die große Erweckerin, ihr Saft tut allen Kranken und Schwachen gut. Sie verkündet im Frühjahr die Wiedergeburt, der Förster pflanzt sie mit der Kiefer zusammen, damit diese von ihr in die Höhe getrieben werde; urkräftig ist selbst noch ihr Laub. Birkenerde ist wahre Gartenmedizin. Für uns jedoch genügt es schon, Birkenlaub mit andern Blättern zusammen anzusetzen."

Ull hatte in einer rechteckigen Mulde ein Bett von Lehm mit Sand bereitet. Darauf schichtete er kniehoch Laub, drückte die Masse fest, bedeckte sie mit verrottetem Pferdedünger aus geräumten Mistbeeten, tat wieder Laub darauf, wieder Dünger, dies so lange, bis sein Vorrat erschöpft war. Dann verrichtete er die kleine, heilsame Zauberei, bei der ich schon einmal zu Anfang des Jahres zugesehen hatte: er impfte den Hügel mit den Heilkräutergaben aus seinen bunten Papierbeutelchen, sprengte auch Baldrianwasser darüber und umkleidete den Hügel mit einem warmen Mantel von Torfmull.

„Das Grab ist zu“, meinte Borngart, „sein Inhalt macht die Verwandlung durch; was oben in Sonne und Lüften rauschte, wird zu Erde werden, um in künftigen Tagen dem neuen Leben zu dienen. Hinauf, hinab und wieder empor: die Welle des Daseins! Der Leib zerfällt, die Form zerbricht, aber die gesammelten Kräfte bleiben erhalten. Wir Menschen sind auch Laub, und deswegen, Adventer, laß ich mich nach meinem Tod nicht verbrennen. Ich will nicht veraschen, sondern verwesen. Die Asche im Urnentopf ist ausgeschieden aus dem Kräftestrom des Alls, der Leib im Grab nimmt noch nach seiner Auflösung daran teil, sein Bett ist der Mutterschoß der Erde, in den die Bäume, die Buchen, die Birken und die Haseln ihre Äste hinabsenken. Es ist mir lieber, daß einst aus meinem sterblichen Teil ein lustiges Blatt werde als Kohlensäure und unverbrennbare Rückstände. Aber das sind Überlegungen eines alten Mannes im Herbst, die Sie nicht zu kümmern brauchen. Wer denkt auch an das Ende! Wir nicht, Ull nicht und ich nicht: Indem wir das alte Gartenjahr begraben, bereiten wir dem neuen bereits einen Ort. Pflanzen schwinden, Pflanzen kommen. Der große Gemüsestrom hat sich aus unserm Garten ergossen, ein neuer wird aus Erde und Himmel hereinbrausen und sich auf den gesunden Beeten niederlassen.“ Er schaute mit seherisch glühendem Auge ringsum.

„Mein Garten ist jetzt leer und öde, er streckt sich aus, nichts mehr besitzt er, alles hat er dahingegeben. Doch ist er nicht arm, er träumt von seinen schönen, reinen Pflanzen – und wie er, so träume ich. Sie schlafen nur, im Samen ruhen sie und in der Erde. In meinem Geiste, Adventer, trage ich ihre Bilder, wie Sie die Ihren in Ihrer Seele. Sie könnten sie nicht zeichnen und malen, wenn Sie die Bilder nicht in sich hätten, und ich, trüge ich die Pflanzen nicht alle in meinem Herzen, könnte keine Gemüse erwecken und züchten. Innen lebt die Welt, innen weben die Bilder, da innen grünen meine Lieblinge!"

Er pochte sich gegen die breite Brust.

„Und was ist außen?" fragte ich ihn.

„Die Frage sitzt!" sagte er. „Ich bin Gärtner und denke und rede als Gärtner. Außen, Adventer, ist der Humus und darüber das Licht. Unsere Geschöpfe aber müssen zuerst in unserer Seele wohnen, bevor wir sie in die äußere Welt verpflanzen. Ich sinne auf Verfeinerung und Erhöhung, deshalb träume ich von meinen Pflanzen, sehe sie alle wie Kinder um mich versammelt, schaue sie väterlich an und denke darüber nach, wie ich sie immer besser und edler machen könnte. Und darum ist das, was wir hier treiben", und er deutete auf seine Kompost- und Erdhügel, „ein hohes, wichtiges Werk. Wir schaffen am Humus, bereiten ihm eine würdige Stätte und warten auf das Licht. Licht allein genügt nicht, die leuchtende Wüste ist ohne Humus. Ohne Humus keine Pflanzen, aber auch keine menschliche Gemeinschaft, keine Bilder und Lieder, nicht Musik und Liebe, kein Bach und Mozart. Der menschliche Geist und seine Kultur beruhen auf dem Humusreichtum der Länder. Wo der Humus flieht, wächst die Wüste, zieht der Tod über die Erde, und der Mensch folgt ihm nach!"

Er hatte, während er sprach, in die dunkle Masse eines ausgereiften Hügels gegriffen, als wenn ihm, dem weißhaarigen Sohn der Erde, aus diesem Berg die Kraft seiner Gesichte und Begeisterung zuflösse. Seine Finger hatten mit den Krumen gespielt. Nun ließ er den Griff Erde los und wie einen schwarzen Regen aus der Hand niederrieseln.

„Nehmen Sie diese Meinung, Adventer", sagte er noch, „als die Lebensweisheit eines alten Gemüsemannes und Gärtners! Die Welt ist krank, weil sie an Humus verarmt ist. Wir vermögen ihr nicht sehr zu helfen, können aber das unsere tun und auf den Feldern und in den Gärten pflegen, was ein kostbares Erbe und Vermächtnis ist... Und damit genug! Weiter!" rief er fröhlich seinem feiernden Gehilfen zu, der sich, Schaufel bei Fuß, die lange Predigt angehört hatte, und Borngart begann einen alten Erdhügel abzutragen und umzusetzen. Ull säumte nicht länger und half kräftig mit.

„Bravo, Meister Borngart!" sagte ich, von seiner Rede stark beeindruckt. „Sie sind ein wahrhafter Gärtner der Pflanzen und ein Pflegevater der Erde. Lebten nicht Männer wie Sie, wäre es um unsere Zukunft schlecht bestellt. Wir brauchen nicht unruhig zu sein; Sie sind da und wie Sie noch andere, hoffe und glaube ich, die ihre Gärten mit Weisheit bebauen, und allen diesen Pflanzen- und Speisemeistern werden die Jünger nachwachsen. Was einmal als richtig erkannt wurde, kann nicht mehr der Vergessenheit anheimfallen. Und darum rufe ich Ihnen zu, Meister Borngart, mag es sich vielleicht auch recht wunderlich anhören: Über Komposthügel – vorwärts!"

„Vorwärts und aufwärts!" antwortete er und winkte mir zum Abschied, da ich den Garten verließ, mit der Hand freundlich zu.

Noch am Abend klang dieser Ruf in mir nach: ich machte mich auf den Weg zur Sternenstube. Der Pfad lag dunkel, vom Turm war die grüne Fahne des Pflanzenpropheten eingeholt, hinter dem Fenster des Gärtnerhauses brannte Licht. Borngart war noch nicht zu Bett. Die Bäume im Hof und die Sterne am Himmel gossen ihren Nachtfrieden über sein kleines Dach. Mir war, als sollte ich für einen Augenblick auf die Stufen seiner Treppe treten, um ihm näher zu sein und einen Hauch seiner Ruhe und Weltsicherheit mitzunehmen. Was mochte er noch arbeiten? Vielleicht errechnete er seinen Jahresertrag, stellte Unkosten zusammen, Abgaben und Steuern und bedachte seinen kleinen Gewinn. Vielleicht las er aber auch in seinen Aufzeichnungen aus seiner Türkenzeit und führte geheime Unterhaltungen mit den Pflanzen und Gemüsen, die ihm wie Kinder und Freunde waren, dem glücklichen Mann und glückseligen Gärtner. Ich lauschte zur Treppe hin, da wurde in der Sternenstube das Fenster aufgestoßen, und die Stimme von Dorines Vater schallte in die Stille.

„Herrlich klare Nacht!" sagte er.

Ich trat unter die finstern Bäume und ging in das Haus, zur Sternenstube.

Wie der Gärtner gründete auch der Astronom im Frieden der Welt, doch war sein Reich voller Bewegung und Rastlosigkeit, auch immer bevölkert.

Im Zimmer befand sich diesmal auch Dorine. Auf mein Pochen hatte sie „Herein!“ gerufen und war mir entgegengekommen. In der Sternenstube war eine schwache elektrische Lampe eingeschaltet, hell genug, dabei zu sehen, doch wiederum nicht so stark, daß der Beobachter am Fernrohr durch ihren Schein gestört worden wäre.

„Setzen Sie sich gleich auf meinen Stuhl und schauen Sie hinaus, Adventer!“

Der Astronom klirrte im Hintergrund des Zimmers mit Weingläsern, ich hatte mich hingesetzt, Dorine stand neben mir. Im Fensterrahmen schwebte das Sternenfeld. Die Lichtkörner waren wie mit einem einzigen mächtigen Wurf in die Schwärze hineingesät. Nach welchen Plänen und Träumen mochte wohl jenes lichtsprossende Reich bestellt sein?

„Sehen Sie etwas?“ rief Herr von Heckenast.

„Wie muß ich eigentlich einstellen?“ fragte ich, mich ungeschickt gebend.

„Dorine wird Ihnen helfen!“

Sie neigte sich, wie es mein geheimer Wunsch war, zu mir, ihr Haar berührte meine Stirn, die Wange meine Wange, berührte sie und schmiegte sich einen Augenblick an.

„Wie schön!“ rief ich, das Auge am Rohr, und meinte die Liebliche.

„Nicht wahr?“ sagte der Vater begeistert. „Ein Feuerspiel!“

Da entfernte sich Dorine schon wieder, das kleine Feuerspiel war zu Ende, und ich erschaute das große am Nachthimmel, einen silbernen Staubfall, einen Wirbel von glitzerndem Schein.

„Heute schwärmt der Schwarm Ihnen zu Ehren!“ rief Herr von Heckenast.

„So sind es Vögel oder Bienen?“

„Oh! Der Löwe schlägt mit dem Schweif, daß die Funken stieben. Der Schwarm kommt aus dem nördlichen Feld des Sternbildes.“

Ich gab meinen Platz nun für Dorine frei, sie aber hatte beim Einstellen keine Hilfe nötig. Während sie durch das Rohr blickte, reichte mir ihr Vater ein Glas Wein und trank mir zu.

„Auf das Bild!“ rief er.

„Auf alle Bilder!“ entgegnete ich.

„Am Himmel und auf Erden!“ fügte er hinzu. „Sie haben die Gabe, Menschen, Pflanzen, Gesichter und Gewächse in gleicher Weise sicher darzustellen – grundverschiedene Dinge! Das erstaunt mich.“

„Für den Maler“, erwiderte ich, „mögen diese Dinge nicht so grundverschieden voneinander sein. Auch Pflanzen haben Gesichter und Mienenspiele, ausdrucksvoller als manches Menschenantlitz. Der Mensch verbirgt, die Pflanze enthüllt. Alles an ihr ist nach außen gekehrt. Das abzulesen und mit dem Stift niederzuschreiben, ist reizvoll. Dabei kommt es natürlich auf die Schärfe des Blicks und die Treffsicherheit der Linie an. Durch sie spricht die Pflanze.“

„Hier stimmt etwas nicht“, rief Dorine, „sieh doch mal nach, Väterchen, die Sterne flimmern so stark!“ Sie stand auf, trat zu mir, und ihr Vater setzte sich, um nachzusehen.

„Alles in Ordnung!“ stellte er fest. „Du hast zu angespannt hineingeschaut. Das strengt an. Vielleicht stört auch die Lampe, schalte sie doch bitte aus!“

Sie tat es; im Zimmer war es nun dunkel, und die Sterne traten heller am Himmel hervor.

„Schon seit dem Jahre 902 beobachtet die Menschheit dieses Schwärmen", sagte der kundige Mann. „Neben dem Löwen glänzt das Haar der Berenike", verkündete er, das Rohr behutsam weiterdrehend.

Verstohlen strich ich meiner Liebsten über das duftende Haar.

„Mehr östlich findet man das Bild der Herbstschlange", erzählte er, „eine wunderbare Erscheinung."

Wunderbar war alles. Wie lehrreich war doch diese Sternenstunde!

Dorine und ich schauten zu ihm hin. Er streckte die Hand aus, als ob er sie eintauche in die Wellen des Lichtes, in die himmlische Brandung. Über sein weiß blinkendes Haar floß Glanz wie Sternenstaub.

„Der Wassermann ...", hörten wir ihn leise raunen. Er war entrückt, von uns weggegangen, geheimem Winke folgend. Mit dem Wassermann reiste er, sich in seiner Schau und Sternenandacht verlierend, auf dem unendlichen Fluß.

Da wandten wir den Blick von ihm und suchten uns in der Dunkelheit des Zimmers zu erkennen. Dorines Gesicht schimmerte mir liebend entgegen. Ich neigte mich ihr zu, ihrem Haar, ihrer Wange, ihrem Mund, und wir spürten in der Sternenstunde des Vaters den Zauber der Erde.

Herta Grandt

Die Nachtigall wird wieder singen

Vierzig Geschichten
von Menschen, Blumen, Bäumen und Tieren

Oktav, 192 Seiten, geb.
ISBN 3-451-17834-6

In ihrer klaren und verständlichen Sprache erzählt Herta Grandt Erlebnisse und Begegnungen, die der Leser leicht mitvollziehen kann, weil sie ihm selbst in ähnlicher Weise passieren können. Die Liebe der Autorin gilt den Kindern und jungen Menschen, Vätern und Müttern und nicht zuletzt den Tieren, Bäumen und Blumen. Diese harmonische Einstimmung in die Welt, in der wir leben, überträgt sich auf den Leser, der jede Geschichte dankbar und innerlich bereichert zu Ende liest.

Durch alle Buchhandlungen erhältlich

Herder

Freiburg · Basel · Wien

Die goldene Stunde

Geschichten und Gedichte, heiter und besinnlich, ausgewählt von Curt Winterhalter.

Oktav, 256 Seiten, geb.
ISBN 3-451-17590-8

„Ein sehr gelungenes Lesebuch für besinnliche Stunden literarisch interessierter Menschen legt der Verlag Herder vor. Der Band enthält über 80 Geschichten, Anekdoten, Betrachtungen, Erzählungen, Tagebuchnotizen, Briefe und Gedichte vornehmlich bekannter Dichter und Schriftsteller der Vergangenheit und der Gegenwart. Die Auswahl bietet sehr viel, was auch der Literatur-Versierte nicht kennt oder doch lange nicht gelesen bzw. vergessen hat. Das ist vielleicht der Hauptreiz dieses Bandes."

dpa-Buchbrief

Durch alle Buchhandlungen erhältlich

Herder

Freiburg · Basel · Wien